データ分析のための
統計学の基礎

高橋 慎 著

新世社

まえがき

　この本は，データ分析の基礎を学ぶための統計学の入門書です．統計学は，現代のデータ主導社会において不可欠なツールであり，ビジネスや医療，科学などさまざまな分野で広く利用されています．本書では，統計学の基本的な概念から始まり，データの要約と記述，確率の基礎，確率分布，推定といった統計学の基礎的なトピックを段階的に学んでいきます．これにより，データの分析と解釈のスキルを着実に身につけることを目指します．

　第1章では，統計学の目的とデータの種類について解説し，統計学とデータサイエンスの関係についても考察します．第2章と第3章では，データの記述方法として，度数分布，ヒストグラム，相関係数など，データを理解しやすく整理する手法を学びます．第4章と第5章では，確率変数と確率分布を学び，特に正規分布と二項分布の関係について掘り下げていきます．第6章では，推定について学びます．ここでは，点推定や区間推定といった推定の基本概念に加え，週間売上データの具体的な分析を通じて，推定手法の実践的な応用を確認します．

　この本は，法政大学経営学部の1年次入門科目「統計学入門」で扱う内容に基づいており，法政大学に同時期に着任し，統計学関連の科目を共に担当した猪狩良介先生（現在は慶應義塾大学商学部准教授）との協力と相談の中で形を成していったものです．また，法政大学でこれらの科目を履修された学生の皆さんからのフィードバックも執筆に大変参考になりました．この場を借りて，猪狩先生および学生の皆さんに感謝いたします．

　執筆にあたり，これまで拝読してきた多くの書籍に助けられました．参考文献欄（149頁）に掲げましたが，特に，「統計学入門」や2年次向けの「基礎統計学」でテキストや参考書として使用してきた文献[2]，[3]，[6]，[9]

は非常に参考にさせていただきました．また，本書ではカバーしていない仮説検定やエクセルを用いた統計学の実践については，ワークブック形式で解説されている文献 [4] が参考になります．さらに，より広範な統計学の内容を学びたい方には文献 [8] が，経済データの統計的分析に興味がある方には入門として文献 [10] が，数式展開の理解を深めたい場合は文献 [7] が，より発展的な計量分析手法については文献 [1] が役立ちます．これらの文献とともに，統計学の学びをさらに深めていただければと思います．

最後に，本書執筆のきっかけをくださった大森裕浩先生（東京大学大学院経済学研究科教授）に深く感謝いたします．また，新世社編集部の御園生晴彦氏・谷口雅彦氏には，本書の刊行にあたり，編集作業を通して多大なご支援をいただきました．私の遅筆にも辛抱強くお付き合いいただき，適切なご助言を賜りましたことに，心より感謝申し上げます．

本書が読者の皆さまの統計学習の一助となり，データ分析に役立つ知識を習得するための有用な書となることを願っています．

2024 年 9 月

高橋　慎

目　次

第 1 章　統 計 学 と は　　　1

1.1　統 計 学 の 目 的 …………………………………………… 2

1.2　データの種類 …………………………………………… 5

　　1.2.1　データの基本的な種類 ……………………………… 5

　　1.2.2　データの記録方法 …………………………………… 6

1.3　統計学とデータサイエンス ……………………………… 8

演 習 問 題 …………………………………………………… 10

第 2 章　1 変 量 の 記 述　　　11

2.1　度 数 分 布 ……………………………………………… 12

2.2　ヒストグラム …………………………………………… 14

　　2.2.1　代表的な分布の形状 ………………………………… 15

2.3　位置を表す代表値 ……………………………………… 16

　　2.3.1　平 均 値 …………………………………………… 17

　　2.3.2　中 央 値 …………………………………………… 18

　　2.3.3　最 頻 値 …………………………………………… 19

　　2.3.4　分布の形状と中心を表す代表値 …………………… 20

2.4　ばらつきを表す代表値 ………………………………… 23

　　2.4.1　分散と標準偏差 ……………………………………… 24

2.5　箱 ひ げ 図 ……………………………………………… 25

2.6　頑 健 な 統 計 量 ………………………………………… 27

iii

2.7 分布の形状を表す代表値 ……………………………………………… 28

    2.7.1 分布の非対称性を表す代表値 ……………………………… 28

    2.7.2 分布の裾の厚さを表す代表値 ……………………………… 30

2.8 釣鐘型の分布とデータの割合 ………………………………………… 30

    2.8.1 データの標準化 ……………………………………………… 32

演 習 問 題 ……………………………………………………………………… 36

第3章 2 変量の記述　　37

3.1 二次元データと散布図 ………………………………………………… 38

    3.1.1 散 布 図 ……………………………………………………… 38

3.2 共 分 散 …………………………………………………………………… 40

    3.2.1 共分散の欠点 ………………………………………………… 43

3.3 相 関 係 数 ………………………………………………………………… 43

    3.3.1 相関係数と線形関係 ………………………………………… 45

    3.3.2 相関係数とその評価 ………………………………………… 47

    3.3.3 相関係数の注意点 …………………………………………… 47

3.4 単 回 帰 分 析 ……………………………………………………………… 51

    3.4.1 単回帰直線の切片 a と傾き b の求め方 ……………… 52

    3.4.2 決 定 係 数 …………………………………………………… 53

演 習 問 題 ……………………………………………………………………… 55

第4章 確 率 の 基 礎　　57

4.1 確率変数と確率分布 …………………………………………………… 58

    4.1.1 確 率 変 数 …………………………………………………… 58

    4.1.2 確 率 分 布 …………………………………………………… 59

4.2 期 待 値 …………………………………………………………………… 60

| 4.2.1 | サイコロ投げの期待値と平均の関係 | 61 |
| 4.2.2 | 線形変換した確率変数の期待値 | 62 |

4.3 分散と標準偏差 ... 65

4.3.1	分　散	65
4.3.2	標 準 偏 差	66
4.3.3	サイコロ投げの分散	66
4.3.4	線形変換した確率変数の分散	67

4.4 複数の確率変数 ... 71

4.4.1	同 時 確 率	71
4.4.2	周 辺 確 率	72
4.4.3	条 件 付 き 確 率	74
4.4.4	乗 法 定 理	75
4.4.5	事 象 の 独 立 性	76

4.5 複数の確率変数の期待値と分散 ... 78

| 4.5.1 | 確率変数の和や差の期待値 | 78 |
| 4.5.2 | 独立な確率変数の和や差の分散 | 81 |

演 習 問 題 ... 83

第5章 確 率 分 布 85

5.1 ベルヌーイ分布 ... 86

5.2 二 項 分 布 ... 87

| 5.2.1 | 二項分布の定義 | 88 |
| 5.2.2 | 二項分布の性質 | 89 |

5.3 正 規 分 布 ... 92

5.3.1	正規分布の特性	92
5.3.2	標 準 正 規 分 布	94
5.3.3	正規分布の標準化	96

5.4	中心極限定理	99
	5.4.1 二項分布と正規分布の関係	100
	5.4.2 二項分布の正規近似	101
	5.4.3 正規近似による確率の計算	101
5.5	補　論	104
	5.5.1 二項分布の導出	104
	5.5.2 二項分布の確率の合計は 1	105
演習問題		106

第6章　推　定　107

6.1	推 定 と は	109
	6.1.1 基 本 概 念	110
	6.1.2 推定量と推定値	111
6.2	推定量の優劣を判断する基準	112
	6.2.1 不 偏 性	113
	6.2.2 一 致 性	114
	6.2.3 有 効 性	116
	6.2.4 平均平方誤差	116
6.3	点 推 定	118
	6.3.1 母割合の推定	118
	6.3.2 母平均の推定	120
	6.3.3 母分散の推定	122
6.4	区 間 推 定	123
	6.4.1 母割合の区間推定	123
	6.4.2 信頼区間の性質	126
	6.4.3 母平均の区間推定	128
6.5	週間売上データの分析	130

6.6 まとめ ……………………………………………………… 133

演習問題 ……………………………………………………… 134

演習問題の解答　135

参考文献　147

索　引　149

第1章
統計学とは

　本章では，統計学の基本的な概念を学びます．まず，統計学の目的を明らかにし，なぜデータ分析が現代社会で重要なのかを理解します．次に，データの種類について簡潔に説明し，どのようなデータが存在するかを学びます．最後に，統計学とデータサイエンスの関係を概観し，ビッグデータ時代における統計学の役割とデータサイエンスの発展について触れます．これらの内容を通じて，統計学の全体像をつかみ，データを活用する基礎知識を身につけることを目指します．

1.1 統計学の目的

統計学の主な目的は，データを通じて現象の法則性を理解することです．この目的は，詳細なデータ分析による発見と，データからの論理的推測によって達成されます．前者は，すべてのデータを丹念に調査して法則性を発見するアプローチです．後者は，一部のデータを観察し，そこから論理的な推測を通じて全体の法則性を推測するアプローチを指します．この二つのアプローチに対応して，統計学は主に二つの分野に分かれます．

- 記述統計：データを整理し，視覚的に表現する方法を提供します．
- 推測統計：一部のデータ（標本）から全体（母集団）の特性を推測します．

図 1.1 は，母集団と標本の関係を簡単に表しています．母集団とは，研究の対象となる全体の集合を指します．例えば，ある国の全人口，ある企業の全従業員，ある大学の全学生などが，母集団となります．一方，標本（サンプル）とは，母集団から無作為に選ばれた一部の集合を指します．標本は，母集団を代表するように選ばれることが望ましいです．例えば，ある国の全人口から無作為に選ばれた 1,000 人の調査対象者や，ある企業の全従業員から無作為に選ばれた 100 人の調査対象者が，標本となります．

研究を行う際に，母集団をすべて調査することは非常に困難であるため，一般的には標本を対象に調査を行います．このようにして得られた標本の調査結果を，母集団全体に適用することができるかどうかを考慮することが重要です．

記述統計の例：国勢調査

全数調査は，可能な限り多くのデータを収集し，観察し，整理することを目的とし，数量的法則や規則性を発見することを目指しています．国勢調

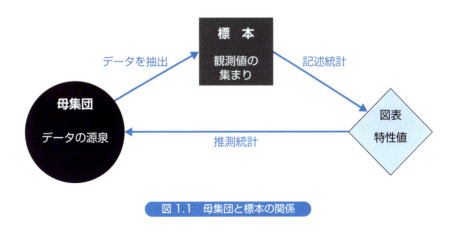

図 1.1 母集団と標本の関係

査[1]は全数調査の一例であり，日本国内の人口や世帯の実態を把握し，各種行政施策や法令，公的統計の作成と推計の基礎資料を提供することを目的としています．国勢調査の結果は，税金の算出，少子高齢化や防災などの行政施策，将来の人口や世帯数の推計など，多くの重要な政策決定に利用されています．

推測統計の例：視聴率調査

テレビ視聴率はテレビ局の広告収入を決定する重要な指標であり，統計的推測の良い例となっています．広告料の交渉において，視聴率は重要な材料となります．日本では，ビデオリサーチ社がいくつかのエリアに分けて視聴率を調査しています[2]．例えば，関東地区の約 2,000 万世帯（母集団）については，2023 年時点で 2,700 世帯（標本）の試聴の有無を測定し，視聴率を算出しています．

---

1 参考：https://www.stat.go.jp/data/kokusei/2020/index.html
2 参考：https://www.videor.co.jp/service/media-data/tvrating.html

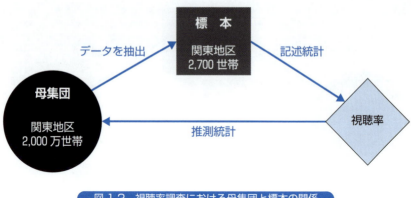

図 1.2 視聴率調査における母集団と標本の関係

図 1.2 は，視聴率調査における母集団と標本の関係を表しています．母集団の 0.1% にも満たない標本から正確な視聴率を測れるのか疑問に思った方も多いことでしょう．ビデオリサーチ社のウェブサイト[3]には次のような説明があります．

> 視聴率調査は標本調査と言われるものです．標本調査から得られる結果には標本誤差（統計上の誤差）が伴うことにご留意ください．

つまり，調査した視聴率と本当の視聴率には数パーセントのずれがあるということです．例えば，本当の世帯視聴率が 10% の場合，2,700 世帯に調査した視聴率の誤差は ±1.2% となります．こうした数字の根拠や解釈について詳しくは第 6 章で学びます．

テレビ視聴率の例から，推測統計の重要性とその実用性を理解することができます．また，標本誤差の概念を通じて，推測統計の限界も理解すること

---

3 https://www.videor.co.jp/tvrating/attention/

ができます．これらの概念はデータ分析と意思決定において重要な基盤となります．

1.2 データの種類

日常生活ではさまざまな情報がデータとして記録され，これらのデータは我々が世界を理解し，意思決定を行う基盤を提供します．データとは，数字，文字，画像，音声などの形で表される事実や情報の集合です．例えば，ある調査において，被験者の年齢，性別，身長，体重などの情報が収集された場合，それらの情報がデータとなります．また，ある企業の売上や利益，顧客満足度などの情報もデータとなります．

データは，そのままでは意味を持ちませんが，適切な処理と分析により，有益な洞察や知識を得ることができます．例えば，収集されたデータを分析することで，ある商品の売上が特定の地域で伸び悩んでいることがわかった場合，その地域において販売戦略を改善することで，売上を増やすことができます．

1.2.1 データの基本的な種類

データは大きく分けて，以下の二つのカテゴリーに分類されます．

(1) **量的データ**：数値で表され，具体的な量を示します．例えば，身長や体重，人口などがあります．
(2) **質的データ**：数値で表せない特徴や属性を持つデータです．例えば，性別や職業，好きな色などが該当します．

量的データはさらに二つに分類されます．

- **連続データ**：任意の値を取りうるデータで，例えば，身長や体重，温度などがこれに該当します．連続データは，精密な測定によって無限に細かい値を得ることが可能です．
- **離散データ**：可算な（自然に数えられる）値を持つデータで，例えば，来店客数，販売された商品の数などがこれに含まれます．離散データは通常，整数値を取ります．

量的データは，統計的な分析において中心傾向の測定，分散（散らばり具合）の計算，相関関係の評価などに用いられます[4]．

一方，質的データも次のように二つに分類されます．

- **名義尺度データ**：順序や大小関係を持たないカテゴリデータ．例えば，人の血液型，住んでいる国，性別がこれに該当します．
- **順序尺度データ**：順序関係を持つが，間隔が不明確なデータ．例えば，商品の顧客評価（星1つから星5つ），教育レベル（高校卒，大学卒など）がこれに含まれます．

質的データは，主にカテゴリごとの分布の分析や順序データのランキング，群（グループ）間比較などに用いられます．

量的データと質的データは，データ分析の目的によって使い分けることが重要です．例えば，量的データは，平均値や分散，相関係数などの数値による分析ができ，数値的な差異を明確に表現できます．一方，質的データは，カテゴリ別の度数分布表やパイチャート，棒グラフなどで可視化され，カテゴリ間の差異を比較することができます．

1.2.2 データの記録方法

データはその記録された方法によっても区分されます．以下の三つの主な

---

4 用語について詳しくは第2章で説明します．

6　第1章　統計学とは

タイプがあります.

> (1) 横断面データ：特定の時点で複数の対象から一度に収集されるデータです．例えば，ある年の国勢調査データがこれに該当します．
>
> (2) 時系列データ：一定期間にわたり定期的に同じ対象から収集されるデータです．株価の日次データや月次の気温データが例です．
>
> (3) パネルデータ：複数の対象について複数の時点でデータを収集する方法です．これにより，時間の経過に伴う変化を個体間で比較することができます．例として，年ごとの特定企業群の財務データが挙げられます．

　横断面データは，ある時点での個体ごとのデータの集まりであり，その個体の属性や現象の特徴を調査するために使用されます．横断面データは，時間に関する情報を含まないため，長期的な変化や動向に関する情報は得られません．一方，時系列データは，経済学や気象学など多くの分野で利用され，対象の時間的な動向を把握し，未来の予測を行うのに役立ちます．横断面データがある時点での複数の個体のデータを集めるのに対し，時系列データはある対象の時間的な変動を追いかけます．

　パネルデータは，時系列データと横断面データの特性を組み合わせたタイプのデータです．このデータは，個体間の比較と時間的変動の両方を考慮した分析が可能であり，多くの統計的，経済学的研究において重要な役割を果たします．特に，時間を経過する中での変化やトレンドを調査する場合には，パネルデータを用いることが一般的です．

1.2 データの種類　7

1.3　統計学とデータサイエンス

現代はデータ主導の時代と言われ，統計学とデータサイエンス[5]はその中心に位置します．統計学は，データを解釈し，有意義な結論を導くための理論と方法を提供し，データサイエンスはこの理論を応用し，新しい技術やアプローチを用いてデータから価値を引き出します．

データは現代社会を形作る基石であり，日々の生活からビジネス決定，科学的研究，政策立案に至るまで，幅広い領域でその価値が認識されています．スマートデバイスの普及やインターネットの発展は，これまでにないスピードと規模でデータが生成される環境を作り出しており，ビッグデータという概念が世界中で注目されています．

ビッグデータは，その膨大な量，高速な流れ，そして多様性により，従来のデータ処理技術では対応が困難です．この新たな時代の要求に応えるため，データサイエンティストは統計学，コンピュータサイエンス，機械学習など多様な分野の知識を活用して，データからの洞察を引き出し，ビジネスや研究における新しい価値を創造しています．

AI 技術の進展はデータ分析をさらに前進させていますが，このプロセスの高度化は同時に専門性の高い知識を要求します．日本ではデータサイエンティストの育成に遅れがあり，特に高度な技術を持つ専門家の不足が国内外で競争力の差となっています．2017 年以降，日本国内でもデータサイエンス関連の教育機関が増え始め，新しい学部の設立が進んでいます．これは，データサイエンスの重要性が高まる中で，必要とされる教育の供給を拡充しようとする動きです．

データの理解と分析は，現代社会における最も重要なスキルの一つです．データサイエンティストの役割は，これからもさらに重要性を増していくこ

5　データサイエンスについての初歩的な解説としては，例えば文献 [6] を参照してください．

8　第 1 章　統計学とは

とが予想されます．適切なデータサイエンスの教育と専門家の育成は，この分野の将来にとって不可欠です．

演習問題

演習 1　統計学の主な目的は何ですか？ 記述統計と推測統計の違いを説明し，それぞれの目的を明確に述べてください．

演習 2　母集団と標本の違いを説明してください．また，なぜ全数調査が困難な場合に標本調査を行うのか，その理由を述べてください．

演習 3　テレビ視聴率の調査はどのように行われているか，標本調査の観点から説明してください．また，標本誤差についても言及してください．

演習 4　量的データと質的データの違いを説明し，それぞれのデータの例を挙げてください．また，横断面データ，時系列データ，パネルデータの違いを説明してください．

演習 5　ビッグデータの特徴を述べ，なぜ従来のデータ処理技術では対応が難しいのかを説明してください．また，データサイエンスと統計学の関係性についても説明してください．

第 2 章
1 変量の記述

　本章では，データの基本的な特徴を把握するための手法を紹介します．まず，度数分布とヒストグラムを用いてデータの全体像を視覚的に捉える方法を学びます．次に，平均値や中央値といった位置を表す代表値を通じてデータの中心傾向を理解し，分散や標準偏差を使ってデータのばらつきを評価する方法を探ります．さらに，釣鐘型の分布に関連するデータの割合についても解説します．これらの基礎的な統計手法を学ぶことで，データの背後にあるパターンやトレンドを発見し，より深い洞察を得ることができるようになります．

2.1 度数分布

統計学においては，大量のデータを扱うことが一般的です．例として，商品 1 から 100 までの 1 週間の売上データ[1]を考えてみましょう．表 2.1 に示されたこれらのデータを一つひとつ確認するだけでは，全体の特徴やトレンドを把握するのは困難です．

そこで，統計学ではデータを整理し，その特徴を大雑把に捉えるための方法として度数分布表を用います．この方法では，データを特定の範囲（階級）に分類します．例えば，「0 以上 4 未満」「4 以上 8 未満」というようにデータを範囲ごとに分け，その範囲にいくつのデータが含まれているか（度数）をカウントします[2]．

度数分布表とは，これらの階級と度数を対応させてまとめた表のことを指します．表 2.2 は，表 2.1 の売上データの度数分布表です．各階級を代表する値を階級値と呼び，階級の上限値と下限値の平均値で求められます．例えば，階級「0 以上 4 未満」の階級値は次のように計算されます．

$$\frac{0+4}{2} = 2$$

相対度数とは，ある階級の度数が全データ数に占める割合のことを指します．具体的には，次のように計算されます．

$$相対度数 = \frac{その階級の度数}{全データ数}$$

この値はパーセンテージで表現されることも多く，データの階級ごとの重要

---

1 出所：UC Irvine Machine Learning Repository (https://archive.ics.uci.edu/dataset/396/sales+transactions+dataset+weekly)

2 売上は離散データなので，「0〜4」「5〜8」のように階級の範囲が離れても構いませんが，連続データの場合，区間を区切る際に端点の扱いに注意が必要です．例えば，「0 以上 4 未満」「4 以上 8 未満」というように区間を設定し，各区間が重ならないように端点を含むか含まないかを明確にします．一つの区間の上限値は次の区間の下限値として扱われ，それぞれの区間がきっちりと連続していることを保証します．

12 第 2 章 1 変量の記述

表 2.1　1 週間の売上データ

11	7	7	12	8	3	4	8	14	22
15	3	12	14	19	30	49	40	26	13
12	8	3	36	26	14	44	34	13	46
7	15	15	47	34	41	36	37	31	41
35	42	28	34	40	27	40	29	37	12
19	40	2	41	34	31	38	32	5	37
25	12	37	34	14	35	36	14	26	31
7	26	35	8	34	27	7	39	37	38
14	10	46	29	39	37	30	41	24	42
10	26	11	14	12	31	29	4	16	13

表 2.2　1 週間の売上データの度数分布表

階　級	階級値	度　数	相対度数	累積相対度数
0 以上 4 未満	2	4	0.04	0.04
4 以上 8 未満	6	8	0.08	0.12
8 以上 12 未満	10	8	0.08	0.20
12 以上 16 未満	14	19	0.19	0.39
16 以上 20 未満	18	3	0.03	0.42
20 以上 24 未満	22	1	0.01	0.43
24 以上 28 未満	26	9	0.09	0.52
28 以上 32 未満	30	10	0.10	0.62
32 以上 36 未満	34	10	0.10	0.72
36 以上 40 未満	38	13	0.13	0.85
40 以上 44 未満	42	10	0.10	0.95
44 以上 48 未満	46	4	0.04	0.99
48 以上 52 未満	50	1	0.01	1.00

性や偏りを評価するのに役立ちます. 累積相対度数は，特定の階級までの相対度数の総和を示します. これにより，ある階級以下のデータが全体に占め

る割合を知ることができます．計算式は以下の通りです．

$$累積相対度数_k = 相対度数_1 + 相対度数_2 + \cdots + 相対度数_k$$

すなわち，1番目から k 番目までの階級の相対度数を足し合わせたものが，k 番目の階級の累積相対度数となります．例えば，3番目の階級「8以上12未満」の累積相対度数は $0.04 + 0.08 + 0.08 = 0.20$ のように計算されます．

2.2　ヒストグラム

　図2.1は，売上データの度数分布表をグラフ化したものです．このように，度数分布表のデータをグラフ化したものをヒストグラムと呼びます．具体的には，各階級の度数を長方形の高さとしてグラフに表示します[3].

　ヒストグラムを読む際，以下の点に注意を払うことが重要です．

- 峰の数：峰が一つの場合，それは単峰型分布と言われます．峰が二つ以上存在する場合，それは多峰型分布となります．
- 中心の位置：多くの場合，峰の位置を確認します．
- 散らばり具合：データ全体の範囲や，大部分のデータの範囲を確認します．
- 形状：データがどのような形状を持っているか，例えば左に歪んでいるか，右に歪んでいるか，尖っているかなどの特性を確認します．
- 外れ値：他のデータから極端に外れた値が存在するかを確認します．

　もしヒストグラムが単峰型でない場合，それは異なる種類のデータが混在している可能性があります．このような場合，データの中心の意味に注意を払う必要があります．例えば，売上データは峰が二つある多峰型分布となっ

───────────────

3　階級の幅が異なる場合は，長方形の面積で度数を表します．

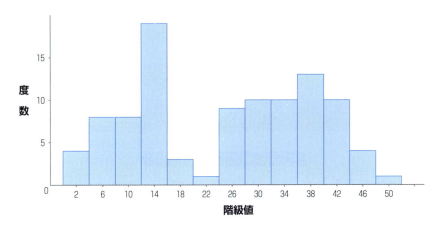

図 2.1　1 週間の売上データのヒストグラム

ています．これは，食料品のように頻繁に買われる商品と，家電のように購入頻度の低い商品の売上が混在しているためかもしれません．

2.2.1　代表的な分布の形状

統計学では，データが取りうる様々な形状に注目します．単峰型の場合，主に見られるデータ分布の形状は，以下の三つです．

(1) **左右対称の山型（釣鐘型）の分布**：中心に向かってデータが集まり，中央から離れるほどデータが少なくなる，左右対称の山のような形状です．多くの自然現象や社会科学のデータに見られます．例としては，適切に設計された試験の成績，人々の身長，株価の変化率などがあります．

(2) **右に歪んだ分布**：大多数のデータが比較的低い値に集中し，少数の

図 2.2　代表的な分布の形状

高い値によって右側が長く伸びる特徴を持っています．つまり，分布の尾が右側に伸びる形をしています．このような分布は，所得や資産，結婚年齢，体重などのデータによく見られます．
(3) **左に歪んだ分布**：右に歪んだ分布の逆で，大多数のデータが比較的高い値に集中し，少数の低い値によって左側が長く伸びる特徴を持っています．分布の尾が左側に伸びる形をしており，このような分布は，例えば簡単な試験の成績や人間の寿命などに見られます．

図 2.2 は，それぞれの分布の形状を表しています．

2.3　位置を表す代表値

データを図表にまとめると，その特徴を一目で把握できるようになります．しかし，同じ図表を見ても，受け取る印象は人によって異なります．また，図表を作成して詳細に分析するには，非常に大きなスペースが必要になることがあります．

データの特徴をより客観的に整理するためには，代表値を用いると良いで

しょう．代表値とは，データの分布を代表する値です．データの位置を表す主要な代表値として，以下の三つがあります．

- 平均値：すべてのデータを合計して，データの総数で割った値です．データ全体の「平均的な値」を表します．
- 中央値：データを大小に並べたとき，ちょうど中央に位置する値です．データをちょうど半分に分割する「真ん中の値」を表します．
- 最頻値：データの中で最も頻繁に出現する値です．データの中で「最も一般的な値」を表します．

以下では，これらの代表値を説明するために，データの集まりを $\{x_1, x_2, \cdots, x_n\}$ と表します．ここで，n はサンプルサイズ，つまりデータの個数を意味します．

2.3.1 平均値

平均値とは，すべてのデータの合計値をデータの総数（サンプルサイズ n）で割った値です．数式で表すと，平均値 $\bar{x}$（エックス・バーと読みます）は以下のように計算されます．

$$\bar{x} = \frac{x_1 + x_2 + \cdots + x_n}{n} = \frac{1}{n} \sum_{i=1}^{n} x_i$$

ここで，$\sum$ 記号は合計を意味し，$i=1$ から n までのすべての x_i の値を合計します．

平均値は，データセットの「重心」を捉える，最も一般的に用いられる代表値です．しかし，平均値は外れ値（極端に高い値や低い値）の影響を受けやすいという欠点があります．つまり，一つの非常に大きな値や非常に小さな値が平均値を大きく変動させることがあります．

例えば，データセットが $\{1, 2, 3, 4, 5\}$ である場合，その平均値は次のように計算されます．

2.3 位置を表す代表値　17

$$\text{平均値} = \frac{1+2+3+4+5}{5} = 3$$

ここで，上記のデータセットの5番目の数値を90（明らかな外れ値）に置き換えた場合，新しい平均値は次のようになります．

$$\text{新しい平均値} = \frac{1+2+3+4+90}{5} = 20$$

この新しい平均値は，もともとのデータセットの特性を正確に反映していません．

　このように，もしデータセットの中に外れ値が存在する場合，平均値は大きく影響を受けます．平均値を使う際には，データセットに外れ値が含まれていないかを常に確認することが重要です．外れ値が存在すると，平均値はそのデータセットの「一般的な値」を正しく表していない可能性があります．

2.3.2　中央値

　外れ値による問題を解決するための指標の一つが中央値です．中央値は，データセットを二等分する値であり，データを小さい順に並び替えたときにちょうど中央に位置する値を指します．

　データセット $\{x_1, x_2, \cdots, x_n\}$ を考えます．このデータを小さい順に並べ変えると，

$$x_{(1)} \leqq x_{(2)} \leqq \cdots \leqq x_{(n)}$$

となります．ここで，$x_{(1)}$ はデータセットの中で最も小さい値，$x_{(n)}$ は最も大きい値を表します．データセットの中央値は，データの個数 n に応じて異なります．

- n が奇数の場合，中央値は次のように計算されます．

$$x_{\left(\frac{n+1}{2}\right)}$$

例えば，データセットが $\{2, 1, 3, 5, 4\}$ であり，$n = 5$ の場合を考えます．このデータを小さい順に並び替えると $\{1, 2, 3, 4, 5\}$ となり，中央に位置する値は $\frac{n+1}{2} = \frac{5+1}{2} = 3$ 番目の 3 です．よって，中央値は 3 になります．

- n が偶数の場合，中央値は次のように計算されます．

$$\frac{x_{\left(\frac{n}{2}\right)} + x_{\left(\frac{n}{2}+1\right)}}{2}$$

例えば，データセットが $\{2, 6, 1, 3, 5, 4\}$ であり，$n = 6$ の場合を考えます．このデータを小さい順に並び替えると $\{1, 2, 3, 4, 5, 6\}$ となり，中央に位置する二つの値は $\frac{n}{2} = \frac{6}{2} = 3$ 番目の 3 と $\frac{n}{2}+1 = \frac{6}{2}+1 = 4$ 番目の 4 です．これらの平均を取ると，中央値は $\frac{3+4}{2} = 3.5$ になります．

中央値の大きな利点は，外れ値の影響を受けにくいことです．例えば，データセットが $\{1, 2, 3, 4, 5\}$ の場合，中央値は 3 です．もしデータセットの最後の数値を外れ値である 90 に置き換えても，新しいデータセット $\{1, 2, 3, 4, 90\}$ の中央値は依然として 3 のままです．これは，中央値がデータセットの「中心」をより安定して反映していることを示しています．

中央値は，外れ値の影響を受けにくいため，データの「中心」を表す指標としてよく用いられます．特に，データに外れ値が含まれている場合や，データの分布が非対称の場合に有用です．

2.3.3　最 頻 値

最頻値は，データセット内で最も頻繁に出現する値を指します．言い換えると，最も多く観測される値です．例えば，データセットが $\{1, 2, 2, 2, 5\}$

の場合，最も頻繁に出現する値は2です．したがって，このデータセットの最頻値は2となります．

　最頻値はデータセットによっては一つだけではなく，複数存在することもあります．これは，二つ以上の異なる値が同じ最大頻度で出現する場合に発生します．例えば，データセットが {1, 1, 2, 2, 5} の場合，このデータセットの最頻値は1と2の二つとなります．

　度数分布表を用いる場合，最頻値は度数が最大の階級に対応する階級値になります．表2.2 では，12 以上 16 未満の階級で度数が最大の 19 となるので，このデータセットの最頻値はこの階級の階級値である 14 となります．

2.3.4　分布の形状と中心を表す代表値

　平均値，中央値，最頻値はデータセットの「中心」の位置を異なる方法で表す代表値ですが，これらはまた，データの分布形状を理解するのにも役立ちます．

- 平均値は，全データの値を合計してデータの数で割ったものですが，外れ値の影響を受けやすい特性があります．そのため，分布が歪んでいる場合（例えば，右に長い尾を持つ場合），平均値は分布の歪んだ側に位置する傾向があります．
- 中央値は，データを小さい順に並べたときに真ん中に来る値です．中央値は外れ値の影響を受けにくいため，分布のより代表的な中心を表します．通常，最頻値と平均値の間に位置します．
- 最頻値は，データセットで最も頻繁に出現する値です．これは分布の一番高いところ，すなわち「峰」を表します．

　図2.3 は，3 つの代表的な分布の形状における，平均値（破線），中央値（点線），最頻値（実線）の位置関係を示しています．

20　第2章　1変量の記述

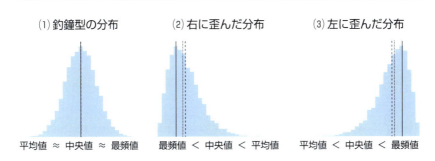

図 2.3　代表的な分布の形状と中心を表す代表値

(1) 釣鐘型の分布では，3 つの代表値がほぼ等しくなります．
(2) 右に歪んだ分布では，平均値は最も右側に位置し，最頻値は最も左側に位置します．中央値はその中間に位置します．
(3) 左に歪んだ分布では，平均値と最頻値の位置関係が，右に歪んだ分布と逆になります．

これらの代表値の相対的な大小関係から，データの分布形状を大まかに推測することができます．例えば，平均値が中央値よりも大きい場合，データは右に歪んでいる可能性があります．これらの代表値を比較することによって，データの分布についてより良い理解を得ることができます．

例：貯蓄額の分布

この例では，総務省が実施する「家計調査」のデータを使用します．詳細は総務省の公式ウェブサイトで確認できます[4]．図 2.4 は，2022 年における調査から得られた二人以上の世帯についての貯蓄現在高のヒストグラム

4　総務省「家計調査」ウェブサイト：https://www.stat.go.jp/data/kakei/index.html

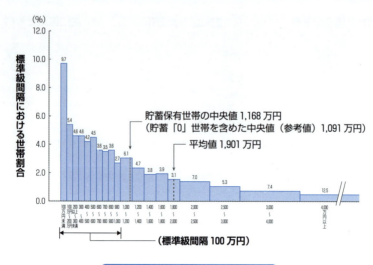

図 2.4　2022 年の貯蓄現在高

です[5]．縦軸が度数ではなく相対度数（世帯割合）となっていることに注意してください．階級別の世帯分布を見ると，貯蓄現在高の平均値（1,901 万円）を下回る世帯が約 3 分の 2 を占めており，貯蓄現在高の少ない階級に偏った（右に歪んだ）分布となっていることがわかります．

このように，貯蓄額の分布を考える際，平均値，中央値，最頻値の間に大きな差が見られる場合があります．これは，データに大きな外れ値が含まれている，または分布が特定の方向に大きく歪んでいることを示しています．

分布の「中心」が何を指しているのかを理解することは非常に重要です．平均値が高い場合でも，大部分の人がその値を下回る貯蓄額しか持っていないかもしれません．そのため，実際のデータを理解するには，これらの異な

5　出所：総務省「家計調査報告（貯蓄・負債編）―2022 年（令和 4 年）平均結果―（二人以上の世帯）」https://www.stat.go.jp/data/sav/sokuhou/nen/pdf/2022_gai2.pdf を一部修正．

る代表値に注意深く目を向ける必要があります.

2.4 ばらつきを表す代表値

ある会社の月間売上の平均が 500 万円だった場合,その売上分布にはどのような状況が考えられるでしょうか? 次の二つの店舗を例に考えてみましょう.

- 店舗 A の売上はそれぞれ 480 万円, 490 万円, 510 万円, 520 万円 です. この店舗の売上は平均に近く,ばらつきが小さいことがわかります.
- 店舗 B の売上はそれぞれ 300 万円, 400 万円, 600 万円, 700 万円 です. この店舗は店舗 A と同じ平均売上を持ちながら,売上のばらつきが非常に大きいです.

二つの店舗の売上のばらつきを客観的に数値で表す方法はないでしょうか.

偏差とは,各データ点 x_i の平均 $\bar{x}$ からの乖離,つまり $x_i - \bar{x}$ を表します. 偏差は,データのばらつきを理解するのに役立ちますが,すべての偏差を合計すると,プラスとマイナスが相殺されてゼロになってしまいます[6]. 例えば,店舗 A の偏差の合計は $(480-500)+(490-500)+(510-500)+$

---

6 平均値 $\bar{x}$ の定義により,全データの合計は平均値の n 倍に等しくなります. つまり,平均値を計算する公式 $\bar{x} = \frac{1}{n}(x_1 + x_2 + \cdots + x_n)$ から,次のように表すことができます.

$$n\bar{x} = x_1 + x_2 + \cdots + x_n$$

個々のデータポイントの偏差の和は,次のように計算されます.
$$(x_1 - \bar{x}) + (x_2 - \bar{x}) + \cdots + (x_n - \bar{x}) = (x_1 + x_2 + \cdots + x_n) - n\bar{x}$$
$$= n\bar{x} - n\bar{x}$$
$$= 0$$

これは,どんなデータセットでも,各データポイントの偏差を合計すると,常に 0 になることを意味します.

$(520-500)=0$,店舗 B でも $(300-500)+(400-500)+(600-500)+$ $(700-500)=0$ となり,両店舗とも合計偏差はゼロです.

2.4.1 分散と標準偏差

偏差を直接合計してもばらつきの大きさを測ることはできません.そのため,偏差の 2 乗の平均である分散が用いられます[7].これにより,ばらつきの度合いを正しく反映する指標を得ることができます.

データセットが $x_1, x_2, \cdots, x_n$ と表される場合,その分散 S^2 は以下の式で計算されます.

$$S^2 = \frac{(x_1-\bar{x})^2+(x_2-\bar{x})^2+\cdots+(x_n-\bar{x})^2}{n}$$

ここで,$\bar{x}$ はデータセットの平均値です.

分散は,各データポイントの偏差(平均からの差)を二乗したものの平均です.偏差を二乗することで,データのばらつきをより明確に表現します.特に,データが平均から大きく離れている場合,その影響が二乗することによって強調されます.このプロセスにより,データセット内の個々の値が平均からどれだけ離れているか,つまりデータのばらつきがどれだけあるかを測定できます.

分散と同様にデータのばらつきを示す指標である標準偏差は,分散の平方根,つまり $S=\sqrt{S^2}$ で表されます.標準偏差を使う理由は,分散が元のデータの単位の二乗になってしまうため,元のデータと同じ単位でばらつきを表したい場合に便利だからです.

例:店舗 A と店舗 B の分散と標準偏差

先ほどの二つの店舗について分散と標準偏差を計算してみましょう.

---

7 偏差の絶対値の平均を用いることもありますが,絶対値は数学的に扱いにくいので,多くの場合は分散を用います.

24　第 2 章　1 変量の記述

- **店舗 A の計算**：店舗 A の売上は 480 万円，490 万円，510 万円，520 万円 で，平均売上は 500 万円です．このデータの分散 S^2 は以下のように計算されます．

$$S^2 = \frac{(480 - 500)^2 + (490 - 500)^2 + (510 - 500)^2 + (520 - 500)^2}{4}$$
$$= \frac{800}{4} = 200$$

よって，標準偏差は $S = \sqrt{200} \approx 14.14$ 万円です[8]．

- **店舗 B の計算**：店舗 B の売上は 300 万円，400 万円，600 万円，700 万円 で，こちらの平均売上も 500 万円です．このデータの分散は以下の通りです．

$$S^2 = \frac{(300 - 500)^2 + (400 - 500)^2 + (600 - 500)^2 + (700 - 500)^2}{4}$$
$$= \frac{100,000}{4} = 25,000$$

したがって，標準偏差は $S = \sqrt{25,000} \approx 158.11$ 万円となります．

上記の計算から，店舗 B の方が店舗 A に比べてばらつきが大きいことがわかります．店舗 A の標準偏差は約 14.14 万円，店舗 B の標準偏差は約 158.11 万円です．同じ平均売上であっても，店舗の売上の分布によって，そのばらつきは大きく異なることが示されています．

2.5 箱ひげ図

箱ひげ図は，データを視覚的に要約するために使用されるグラフで，以下

---

8 「≈」は「ほとんど等しい」ことを表します．

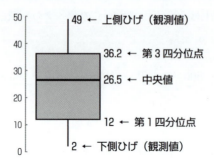

図 2.5 売上データの箱ひげ図

の 5 つの主要な統計量（特性値）を用いて描かれます[9].

- 第 1 四分位点 (Q_1)：データセットを小さい順に並べたとき，下位 25% のデータがこの値以下になります．
- 第 3 四分位点 (Q_3)：データセットを小さい順に並べたとき，下位 75% のデータがこの値以下になります．
- 四分位範囲 (IQR: interquartile range)：第 3 四分位点と第 1 四分位点との差 $Q_3 - Q_1$ として計算され，データの中央 50% がこの範囲に含まれます．四分位範囲はデータのばらつきを測る一つの尺度として利用されます．
- ひげ：箱の上下に伸びる線で，上側ひげは Q_3 から $1.5 \times IQR$ 以下で最大の観測値まで，下側ひげは Q_1 から $1.5 \times IQR$ 以上で最小の観測値までを表します．
- 外れ値：ひげより外側に位置するデータ点は，外れ値として点でプロットされます．これらは特に異常な値として扱われます．

---

9 四分位点（四分位数とも言います）は quartile points の頭文字をとって Q で表します．

図 2.5 は，表 2.1 の売上データの箱ひげ図です．箱ひげ図を用いることで，データの中央値，四分位点，ばらつき，外れ値の存在など，データセットの分布に関する重要な情報を簡潔に把握することができます．また，複数のデータセットを同時に比較する際にも有効です．

2.6 頑健な統計量

統計量の頑健性とは，その統計量が外れ値の影響をどの程度受けにくいかを示します．頑健な統計量は外れ値の影響を受けにくく安定しています．一方，非頑健な統計量は外れ値の影響を受けやすく，データセットによっては解釈に注意が必要です．

平均値と標準偏差は，外れ値によって大きく影響を受けることがあります．これは，外れ値が平均値を大きく変動させ，結果として標準偏差も大きくなるためです．したがって，これらは非頑健な統計量に分類されます．

中央値と四分位範囲は，データセットの中央の値と中央の 50% のデータがどの程度広がっているかを示します．これらは外れ値の影響を受けにくいため，頑健な統計量とされます．

例：年収の統計量
以下の 2 つの異なる年収データセットを考えます．

- 年収 1：300, 400, 500, 600, 800, 1,000, 1,200
- 年収 2：300, 400, 500, 600, 800, 1,000, 2,000

年収 1 と年収 2 の統計量を計算すると次のようになります．

	平均値	標準偏差	中央値	四分位範囲
年収 1	686	329	600	600
年収 2	800	580	600	600

2.6 頑健な統計量　　27

この計算結果からわかるように，年収1と年収2で，平均値と標準偏差は大きく異なりますが，中央値と四分位範囲は変わりません．これは，平均値と標準偏差が非頑健であり，外れ値に強く影響を受けることを示しています．一方で，中央値と四分位範囲がより頑健であり，外れ値の影響を受けにくいことがわかります．

2.7 分布の形状を表す代表値

2.7.1 分布の非対称性を表す代表値

歪度は，データの分布がどの程度非対称であるかを測る指標です．具体的には，データの偏差（各値から平均値を引いたもの）を標準偏差で割って三乗し，その平均を取ることで求められます．計算式は以下の通りです．

$$歪度 = \frac{1}{n} \left[\left(\frac{x_1 - \bar{x}}{S} \right)^3 + \left(\frac{x_2 - \bar{x}}{S} \right)^3 + \cdots + \left(\frac{x_n - \bar{x}}{S} \right)^3 \right]$$

ここで，$\{x_1, x_2, \cdots, x_n\}$ は各データ点，n はサンプルサイズ，$\bar{x}$ は平均値，S は標準偏差です．歪度がプラスの場合，データの分布は右（正）方向に歪んでいます．逆に，歪度がマイナスの場合，データの分布は左（負）方向に歪んでいます．**図2.6** は，ヒストグラムの形状と歪度の符号の関係を表しています．

箱ひげ図を用いても，分布の歪みを視覚的に判断することが可能です．中央値から第1四分位数 Q_1（箱の下端）までの距離と，第3四分位数 Q_3（箱の上端）までの距離を比較します．

- 中央値から Q_3 までの距離が中央値から Q_1 までの距離よりも長い場合，分布は右に歪んでいると言えます．

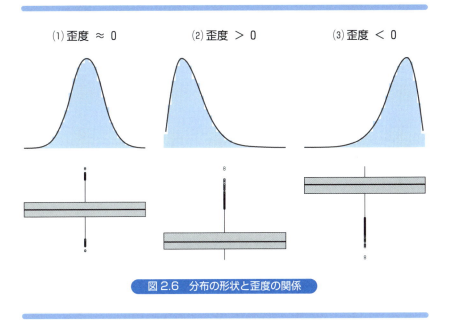

図 2.6 分布の形状と歪度の関係

- 中央値から Q_1 までの距離が中央値から Q_3 までの距離よりも長い場合，分布は左に歪んでいると判断できます．

あるいは，中央値から下側ひげまでの距離と，上側ひげまでの距離を比較します．

- 中央値から上側ひげまでの距離が中央値から下側ひげまでの距離よりも長い場合，分布は右に歪んでいると言えます．
- 中央値から下側ひげまでの距離が中央値から上側ひげまでの距離よりも長い場合，分布は左に歪んでいると判断できます．

図 2.6 には，ヒストグラムの形状と歪度の符号の関係に加えて，対応する箱ひげ図が示されています．

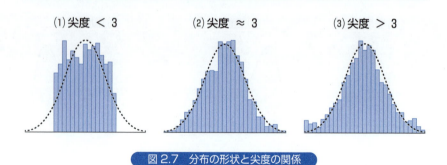

図 2.7 分布の形状と尖度の関係

2.7.2 分布の裾の厚さを表す代表値

尖度は，分布の裾がどの程度厚いかを測る指標です．これは，データの偏差を標準偏差で割って四乗したものの平均を計算することにより求められます．尖度が大きい場合，極端に大きな値や小さな値が観測されやすい分布であり，分布の裾が厚いことを示します．

多くの統計ソフトウェアやツール，例えば Excel では，計算された尖度から 3 を引いた値を返します．これは，正規分布（釣鐘型の分布，第 5 章で詳述します）と比較したときの裾の厚さを表しています．図 2.7 は，尖度が異なる 3 つのデータのヒストグラムが，尖度がちょうど 3 となる正規分布の形状と共に示されています．

2.8　釣鐘型の分布とデータの割合

正規分布をしているデータでは，平均値 ($\bar{x}$) と標準偏差 (S) に基づいて，データの分布について以下のような特徴があります．

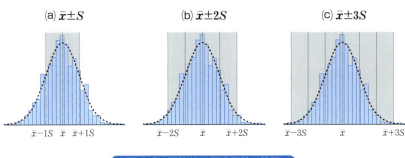

図 2.8 平均値と標準偏差の範囲

(1) 平均値から標準偏差の 1 倍の範囲 ($\bar{x}\pm 1S$) 内には，全データの約 68% が含まれます．
(2) 平均値から標準偏差の 2 倍の範囲 ($\bar{x}\pm 2S$) 内には，全データの約 95% が含まれます．
(3) 平均値から標準偏差の 3 倍の範囲 ($\bar{x}\pm 3S$) 内には，全データの約 99〜100% が含まれます．

図 2.8 には，釣鐘型のデータのヒストグラムおよび正規分布の形状に加えて，対応する範囲が示されています．このような範囲と割合の関係を，「68-95-99.7 ルール」と呼ぶこともあります．

平均値から標準偏差 2 個分以上離れたデータは，全体の 5% 未満しか存在しません．これは，こういったデータが非常に珍しい，つまり外れ値と考えることができるということです．例えば，コインを投げて 4 回連続で同じ面（表または裏）が出る確率は約 6.25% です．そして，5 回連続で同じ面が出る確率は約 3.125% です．このことから，5% 未満の確率というのがいかに珍しいかがわかります．つまり，データが平均値から標準偏差 2 個分以上離れることは，めったに起こらない珍しい現象なのです．

2.8.1 データの標準化

データが平均から標準偏差の何個分離れているかを計算することをデータの**標準化**（または**基準化**）と呼びます．これは，データセット全体で特定のデータ x_i（i 番目のデータ）がどの位置にあるのかを知りたい場合に非常に便利です．データの平均を $\bar{x}$，標準偏差を S とした場合，データ x_i を標準化した z_i は以下のように表されます．

$$z_i = \frac{x_i - \bar{x}}{S}$$

この標準化した値は，データ x_i が平均から標準偏差 S の何倍離れているかを示します．これを **Z スコア**とも言います．

n 個のデータ $x_1, x_2, \cdots, x_n$ を標準化した $z_1, z_2, \cdots, z_n$ の平均値は 0 になります．これは，データの平均値からの偏差の和がゼロであるためです．また，これらの Z スコアの分散は 1 になります．これは，標準化の過程で各データポイントが標準偏差の何倍離れているかを表すため，分散が 1 に調整されるためです[10]．これにより，標準化されたデータは平均が 0，標準偏差が 1 の分布となり，データ間の比較が容易になります．

10　標準化された $z_1, z_2, \cdots, z_n$ の平均 $\bar{z}$ は以下のように計算されます．

$$\bar{z} = \frac{1}{n}(z_1 + z_2 + \cdots + z_n) = \frac{1}{n}\left(\frac{x_1 - \bar{x}}{S} + \frac{x_2 - \bar{x}}{S} + \cdots + \frac{x_n - \bar{x}}{S}\right)$$
$$= \frac{1}{nS}\left[(x_1 + x_2 + \cdots + x_n) - n\bar{x}\right] = \frac{1}{nS}(n\bar{x} - n\bar{x}) = 0$$

一方，分散 S_z^2 は次のように計算されます．

$$S_z^2 = \frac{1}{n}\left[(z_1 - \bar{z})^2 + (z_2 - \bar{z})^2 + \cdots + (z_n - \bar{z})^2\right]$$
$$= \frac{1}{n}\left[\left(\frac{x_1 - \bar{x}}{S}\right)^2 + \left(\frac{x_2 - \bar{x}}{S}\right)^2 + \cdots + \left(\frac{x_n - \bar{x}}{S}\right)^2\right]$$
$$= \frac{1}{S^2} \times \frac{(x_1 - \bar{x})^2 + (x_2 - \bar{x})^2 + \cdots + (x_n - \bar{x})^2}{n}$$
$$= \frac{1}{S^2} \times S^2 = 1$$

標準化の応用例：偏差値

　試験の相対評価でよく用いられる偏差値は，標準化の一形態です．ID i 番目の受験者の点数を x_i とした場合，その受験者の偏差値は以下の式で計算されます．

$$偏差値 = 50 + 10 \times \left(\frac{x_i - \bar{x}}{S} \right)$$

ここで，$\bar{x}$ は平均点，S は標準偏差です．この式により，点数が平均点 $x_i = \bar{x}$ のとき，偏差値は 50 となります．

　偏差値の計算によって，点数の分布が平均を中心に標準化されます．試験の点数が釣鐘型の分布をしている場合は，以下のような範囲と割合の関係が成立します．

- $\bar{x} \pm 1S$ の範囲内の点数は偏差値 40 から 60 に相当し，約 68% の受験者がこの範囲に入ります．
- $\bar{x} \pm 2S$ の範囲内の点数は偏差値 30 から 70 に相当し，約 95% の受験者がこの範囲に入ります．
- $\bar{x} \pm 3S$ の範囲内の点数は偏差値 20 から 80 に相当し，約 99〜100% の受験者がこの範囲に入ります．

分布が完全に左右対称だとすると，偏差値 70 を超える受験者の割合は約 2.5% であり，かなり良い成績であることがわかります．これらの範囲と割合は，受験生の成績がどの程度の位置にあるのかを判断するのに役立ちます．

例：為替レートの範囲と割合

　為替レートは，外国為替取引における一国の通貨と他国の通貨との交換比率を指します．例えば，1 ドルが 100 円であれば，1 ドルと 100 円が等価であるということです．**図 2.9** は，2004 年 4 月 1 日から 2024 年 3 月 31 日までの間の円ドル為替レートの推移を表しています[11]．データ数は 4,896 日，

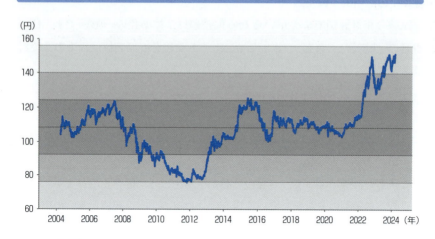

図 2.9　2004 年 4 月 1 日から 2024 年 3 月 31 日までの間の円ドル為替レートの推移

平均値は $\bar{x}=108.01$ 円，標準偏差は $S=15.99$ 円です．図には平均値から標準偏差 1，2，3 個分の範囲も示されています．

図 2.10 には，円ドルレートのヒストグラムと，平均値から標準偏差 1，2，3 個分の範囲が示されています．範囲と割合を計算してみると，以下のようになります．

- $\bar{x}\pm 1S$ の範囲は 92.02 円から 124.00 円に相当し，約 72.8% のデータがこの範囲に入ります．
- $\bar{x}\pm 2S$ の範囲は 76.03 円から 139.98 円に相当し，約 95.02% のデータがこの範囲に入ります．
- $\bar{x}\pm 3S$ の範囲は 60.04 円から 155.97 円に相当し，100% のデータがこの範囲に入ります．

11　日本銀行の時系列統計データ検索サイト（http://www.stat-search.boj.or.jp/ssi/cgi-bin/famecgi2?cgi=$nme_a000&lstSelection=FM08）から FM08'FXERD01（東京市場　ドル円　スポット　9 時時点）を抽出．

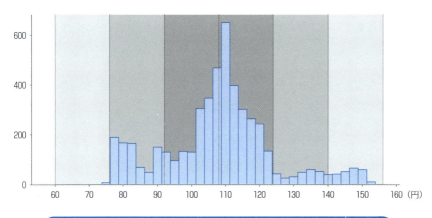

図2.10　2004年4月1日から2024年3月31日までの間の円ドル為替レートのヒストグラム

このデータの分布は，完全な釣鐘型ではありませんが，「68-95-99.7 ルール」がある程度当てはまっているように思えます．

　この情報を基に，為替レートの変動をより深く理解することができます．例えば，2024年4月30日の円ドルレートは156.33円で，上記の$\bar{x}\pm3S$の範囲を超えています．これは，過去20年において類を見ない円安水準であることを示しています．

2.8　釣鐘型の分布とデータの割合　　35

演習問題

演習 1 度数分布とは何ですか？ また，ヒストグラムとの関係について説明してください．

演習 2 代表値とは何ですか？ 代表値の中で，平均値，中央値，最頻値の違いを説明してください．

演習 3 ばらつきを表す指標にはどのようなものがありますか？ それぞれの計算方法と，どのような場面で使用されるかを説明してください．

演習 4 データが平均値の周りに釣鐘型に分布している場合，データの割合がどのように決まるか説明してください．

演習 5 標準偏差を使って，データが平均値からどれくらい離れているかをどのように判断しますか？ 具体例を挙げて説明してください．

演習 6 あるクラスの 10 人の学生のテストの点数は，70, 85, 78, 90, 88, 76, 81, 95, 89, 73 です．これらの点数の平均値，中央値，最頻値を求めてください．

演習 7 以下のデータセットについて，四分位範囲，分散，標準偏差を求めてください：12, 15, 20, 22, 25, 30, 35.

演習 8 ある商品の 1 週間の売上個数は，10, 12, 15, 10, 18, 20, 15 です．このデータの四分位範囲を求めてください．

演習 9 あるクラスの期末試験の点数は，45, 52, 38, 66, 74, 58, 49, 61, 72, 68 です．これらの点数について，階級幅を 10 点とした場合の度数分布表とヒストグラムを作成してください．

演習 10 以下のデータセットについて，偏差を計算し，偏差の合計がゼロであることを確認してください：50, 60, 55, 65, 70, 75, 80.

36　第 2 章　1 変量の記述

第3章

2変量の記述

　第2章で学んだヒストグラムや代表値は，単一のデータセットの分布状態を表すために用いられました．しかし，データが二つの異なる変数，例えば「年齢と体重」や「年齢と血圧」，「所得と消費」，「広告宣伝費と売上」といったものに拡がる場合，これらの変数間の関連性を調べることが求められます．本章では，二つの異なる変数の関係性を記述する方法を学びます．

3.1 二次元データと散布図

考え方を理解しやすくするため，実際の週間売上データを見てみましょう．ここでは，第 1 週の売上を x_i，第 2 週の売上を y_i とします．例えば，商品番号 $i=1$ の第 1 週の売上を $x_1=11$ 個，第 2 週の売上を $y_1=12$ 個のように表します．これを二次元データとして表すと，**表 3.1** のような観測表になります．ただし，これらのデータだけを見ていても，全体の傾向を掴むのは難しいです．

3.1.1 散 布 図

データの関係性を視覚的に理解しやすくするために，散布図を使用します．散布図では，各週間売上のペアを平面上に点としてプロットします．これにより，第 1 週の売上が多いときに第 2 週も売上が多い傾向があるかどうか，つまり二つの変数 x と y の間の関係性が視覚的にわかりやすくなります．

図 3.1 は，上記の観測表から作成した第 1 週と第 2 週の週間売上データの散布図です．全体的に右上がりの関係があることがわかります．これは，第 1 週の売上が多い商品は，第 2 週も売上が多い傾向があることを示しています．

散布図を用いることで，x と y の間には大きく以下の三つの関係（**図 3.2**）のいずれかがあることがわかります．

(1) x が高いと y も高い（x が低いと y も低い）：これは正の相関があると言います．

(2) x が高いと y が低い（x が低いと y が高い）：これは負の相関があると言います．

表 3.1 週間売上データ

(単位：個)

商品番号 i	第1週の売上 x_i	第2週の売上 y_i
1	11	12
2	7	6
3	7	11
4	12	8
5	8	5
⋮	⋮	⋮
96	31	35
97	29	37
98	4	2
99	16	11
100	13	6

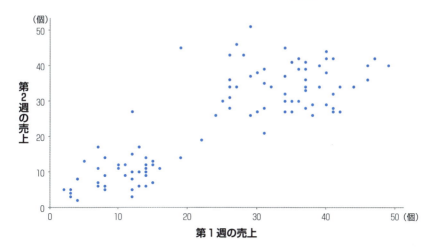

図 3.1 週間売上データの散布図

(3) x と y の間に明確な関連性が見られない：これは相関がないと言います．

3.1 二次元データと散布図

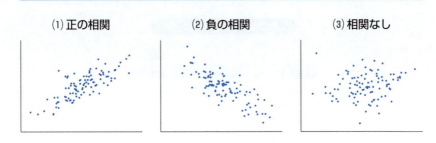

図 3.2　散布図における三つの関係

散布図から，二つの変数の関係性を視覚的に確認することができますが，その解釈は個人差があります．そこで，二つの変数の関係性を客観的に表す指標が必要になります．

3.2　共分散

共分散は，二つの変数 x と y の間の共変動（二つの変数がどのように一緒に変化するか）を測定するための指標です．

- 共分散がプラスの場合は，一方の変数が増加するときにもう一方の変数も増加する傾向があることを意味し，これを正の相関があると言います．
- 共分散がマイナスの場合は，一方の変数が増加するときにもう一方の変数が減少する傾向があることを意味し，これを負の相関があると言います．
- 共分散がゼロの場合は，二つの変数間に相関がない，つまり無相関であると言います．

図 3.3 散布図の四つの領域

- 共分散がゼロに近い場合は，二つの変数間の相関が弱いことを意味します．

共分散 C_{xy} は，x と y の偏差を掛け合わせたものの平均として，以下の式で計算されます．

$$C_{xy} = \frac{(x_1-\bar{x})(y_1-\bar{y})+(x_2-\bar{x})(y_2-\bar{y})+\cdots+(x_n-\bar{x})(y_n-\bar{y})}{n}$$

ここで，$\{x_1, x_2, \cdots, x_n\}$ と $\{y_1, y_2, \cdots, y_n\}$ は x と y のデータポイント，n はサンプルサイズ，$\bar{x}$ と $\bar{y}$ はそれぞれの変数の平均値です．共分散は x と y に関して対称で，x と y の順序を入れ替えても値は変わりません．

散布図と共分散の関係を理解するために，図 3.3 のように，x の平均値 $\bar{x}$ と y の平均値 $\bar{y}$ で分割される四つの領域を考えます．散布図上で，第 1 象限①と第 3 象限③の領域では $(x_i-\bar{x})(y_i-\bar{y}) > 0$ となります．一方，第 2 象限②と第 4 象限④の領域では $(x_i-\bar{x})(y_i-\bar{y}) < 0$ となります．そのため，どの領域にデータポイントが多くあるかによって，共分散の符号は以下のように変わります．

(1) ①と③の領域に多くの点（右上がりの傾向）がある場合，共分散はプラスです．

(2) ②と④の領域に多くの点（右下がりの傾向）がある場合，共分散はマイナスです．

(3) すべての領域に点が均等に分布している場合，共分散はゼロに近くなります．

例：コーヒーの消費量と睡眠時間の関係

3人の学生，佐藤さん，鈴木さん，田中さんの1日のコーヒーの消費量 x（杯）と睡眠時間 y（時間）は次のようになっています．

- 佐藤さん：(2杯, 7時間)
- 鈴木さん：(3杯, 6時間)
- 田中さん：(4杯, 5時間)

これらのデータの平均は，コーヒーの消費量が $\dfrac{2+3+4}{3} = 3$ 杯，睡眠時間が $\dfrac{7+6+5}{3} = 6$ 時間です．それぞれのデータの平均値からの偏差は次のようになります．

- 佐藤さん：$(-1, 1)$
- 鈴木さん：$(0, 0)$
- 田中さん：$(1, -1)$

これらの偏差を見ると，すべての学生が**図 3.3** の②と④の領域に位置しています．これらの偏差を使って共分散 C_{xy} を計算すると，次のようになります．

$$C_{xy} = \frac{(-1 \times 1) + (0 \times 0) + (1 \times (-1))}{3} = \frac{-2}{3} = -\frac{2}{3}$$

共分散が0より小さいので，この3人の学生のコーヒーの消費量と睡眠時間には負の相関があると言えます．つまり，コーヒーを多く飲むほど睡眠時間が短い傾向があります．

42　第3章　2変量の記述

3.2.1 共分散の欠点

共分散の主な欠点は，その値がスケール（単位）に依存することです．例えば，睡眠時間の単位を時間から分に変更すると，共分散の値も変化します．一般的に，x を b 倍した z と y の共分散は，x と y の共分散の b 倍になります[1]．具体的には，先ほどのコーヒーの消費量と睡眠時間の例で，睡眠時間の単位を時間から分に変更すると，コーヒーの消費量と睡眠時間の共分散は 60 倍になります．

共分散のこの問題を解決するために相関係数が使用されます．相関係数は，共分散を両変数の標準偏差の積で割ることによって計算され，スケールの影響を受けません．これにより，変数間の関係をより明確に理解することができます．

3.3 相 関 係 数

相関係数 r_{xy} は，二つの変数 x と y 間の関連性の強さと方向を示す指標です．これは，次の式で計算されます．

$$r_{xy} = \frac{C_{xy}}{S_x S_y}$$

1　$\{x_1, x_2, \cdots, x_n\}$ を b 倍した $\{z_1, z_2, \cdots, z_n\}$ を考えます．i 番目の z_i は $z_i = bx_i$ となります．この場合，平均値は b 倍になります（$\bar{z} = b\bar{x}$）．また，z と y の共分散は次のように計算されます．

$$
\begin{aligned}
C_{zy} &= \frac{(z_1 - \bar{z})(y_1 - \bar{y}) + (z_2 - \bar{z})(y_2 - \bar{y}) + \cdots + (z_n - \bar{z})(y_n - \bar{y})}{n} \\
&= \frac{(bx_1 - b\bar{x})(y_1 - \bar{y}) + (bx_2 - b\bar{x})(y_2 - \bar{y}) + \cdots + (bx_n - b\bar{x})(y_n - \bar{y})}{n} \\
&= b \times \frac{(x_1 - \bar{x})(y_1 - \bar{y}) + (x_2 - \bar{x})(y_2 - \bar{y}) + \cdots + (x_n - \bar{x})(y_n - \bar{y})}{n} \\
&= bC_{xy}
\end{aligned}
$$

ここで，C_{xy} は x と y の共分散，S_x と S_y はそれぞれ x と y の標準偏差です．

標準偏差は 0 より大きいので，相関係数の符号は共分散の符号と一致します．すなわち，以下の関係が成り立ちます．

(1)　x と y に正の相関がある場合（$C_{xy} > 0$），相関係数はプラスになります．

(2)　x と y に負の相関がある場合（$C_{xy} < 0$），相関係数はマイナスになります．

(3)　x と y が無相関の場合（$C_{xy} = 0$），相関係数はゼロになります．

相関係数の符号と散布図との関係については，**図 3.3** を参照してください．

相関係数は -1 から 1 の間の値を取り，スケールの変更に依存しません．つまり，データを b 倍する場合，$b > 0$ であれば，相関係数は変わりません．しかし，$b < 0$，つまり，スケールの変更が符号の変換を伴う場合，相関係数の符号は反転します．それでも，相関係数の絶対値は変わりません[2]．

例：コーヒーの消費量と睡眠時間の関係

再び，3 人の学生の 1 日のコーヒーの消費量 x（杯）と睡眠時間 y（時間）のデータを考えます．

- 佐藤さん：(2 杯, 7 時間)
- 鈴木さん：(3 杯, 6 時間)
- 田中さん：(4 杯, 5 時間)

コーヒーの消費量の平均は 3 杯，睡眠時間の平均は 6 時間です．コーヒーの消費量 x と睡眠時間 y のそれぞれの標準偏差は，次のように計算されます．

2　注 1 を参考に，数式でも確かめてみましょう．

$$S_x = \sqrt{\frac{(-1)^2 + 0^2 + 1^2}{3}} = \sqrt{\frac{2}{3}}$$
$$S_y = \sqrt{\frac{1^2 + 0^2 + (-1)^2}{3}} = \sqrt{\frac{2}{3}}$$

また，共分散は $C_{xy} = -\dfrac{2}{3}$ です．よって，相関係数 r_{xy} は次のように計算できます．

$$r_{xy} = \frac{C_{xy}}{S_x S_x} = \frac{-\dfrac{2}{3}}{\sqrt{\dfrac{2}{3}} \times \sqrt{\dfrac{2}{3}}} = -1$$

ここで，睡眠時間の単位を分に変更してみましょう．睡眠時間 y を60倍した z を考えます（$z = 60y$）．新しいスケールでの平均は $\bar{z} = 60\bar{y}$ です．このとき，x と z の共分散 C_{xz} は次のようになります．

$$C_{xz} = \frac{(-1) \times 60 + 0 \times 0 + 1 \times (-60)}{3} = -40$$

共分散も60倍になっています．また，z の標準偏差は次のように計算できます．

$$S_z = \sqrt{\frac{(60^2 + 0^2 + (-60)^2}{3}} = \sqrt{2400} = 20\sqrt{6}$$

したがって，z と y の相関係数 r_{xz} は以下のようになります．

$$r_{xz} = \frac{C_{xz}}{S_x S_z} = \frac{-40}{\sqrt{\dfrac{2}{3}} \times 20\sqrt{6}} = -1$$

これは，スケールを変更しても相関係数が変わらないことを示しています．

3.3.1　相関係数と線形関係

相関係数が1または−1のとき，変数 x と y の間には完全な線形関係が存在します．これは，一方の変数が他方の変数と完全に正比例または逆比例

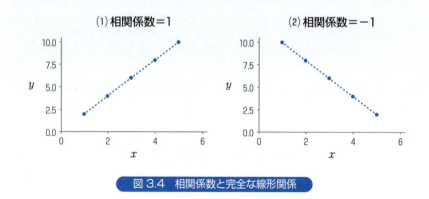

図 3.4　相関係数と完全な線形関係

していることを意味し，関係式 $y = a + bx$ で表されます．ここで，a は切片，b は傾きです．

図 3.4 は，傾きの符号が正の場合と負の場合における，完全な線形関係を示しています．

(1) 相関係数が 1 の場合，変数間には完全な正の線形関係があり，一方の変数が増加すると，もう一方の変数も同じ割合で増加します．
(2) 相関係数が -1 の場合，完全な負の線形関係があり，一方の変数が増加すると，もう一方の変数は同じ割合で減少します．

多くのデータでは，相関係数は 1 と -1 の間にあり，絶対値が 1 に近いほど変数間の関係が強いことを意味します．

例：コーヒーの消費量と睡眠時間の関係

前述の例である 3 人の学生のコーヒー消費量と睡眠時間の関係では，相関係数が -1 であり，これはコーヒー消費量と睡眠時間が完全な負の線形関係にあることを示しています．具体的には，睡眠時間 y はコーヒー消費量 x に対して $y = 9 - x$ という関係式で表すことができます．この式は，コーヒ

ー消費量 x の値に基づいて睡眠時間 y を完全に予測することができることを意味します.

3.3.2 相関係数とその評価

相関係数が正の値を取る場合，二つの変数間には正の相関が存在します. つまり，一方の変数が増加すると，もう一方の変数も増加する傾向にあります. 逆に，相関係数が負の値を取る場合は，二つの変数間に負の相関が存在し，一方の変数が増加すると，もう一方の変数が減少する傾向にあります.

あくまで目安となりますが，相関係数の値に基づく，相関の強さの評価は以下のようになります.

- -1.0 から -0.7：強い負の相関
- -0.7 から -0.4：中程度の負の相関
- -0.4 から -0.2：弱い負の相関
- -0.2 から 　0.2：ほとんど相関がない
- 　0.2 から 　0.4：弱い正の相関
- 　0.4 から 　0.7：中程度の正の相関
- 　0.7 から 　1.0：強い正の相関

図 3.5 は，相関係数と散布図の関係を表しています.

3.3.3 相関係数の注意点

この節では，相関係数に関連するいくつかの重要な注意点について，以下の項目を順番に説明します.

- 外れ値の影響
- 偶然の相関関係

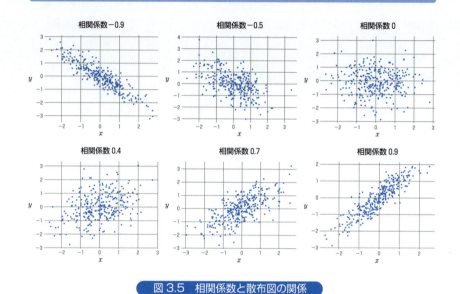

図 3.5　相関係数と散布図の関係

- 非線形関係
- 相関と因果の区別

外れ値の影響

　データに外れ値が含まれる場合，相関係数の値に大きな影響を与えることがあります．外れ値は，二変数間の本来の関係性を歪めることがあり，その結果，誤解を招く相関係数が算出されることがあります．そのため，データを分析する際には，外れ値を検出し，その影響を考慮することが重要です．

　図 3.6 は，外れ値が相関係数に与える影響を示しています．左側の散布図は外れ値を含まないデータセットを示しており，右側の散布図は外れ値を含むデータセットを示しています．

　左側の散布図には，次のようなデータが含まれています．

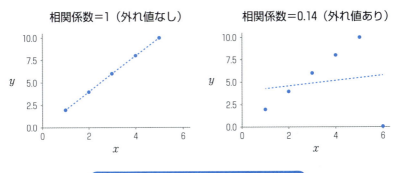

図 3.6　外れ値が相関係数に与える影響

- x：1, 2, 3, 4, 5
- y：2, 4, 6, 8, 10

このデータセットの相関係数は，完全な正の相関を示しています．相関係数は 1 で，データポイントが直線上に並んでいることがわかります．これは，x の値が増加するにつれて y の値も増加する関係性を示しています．

右側の散布図には，上記のデータセットに一つの外れ値（6, 0）が追加されています．

- x：1, 2, 3, 4, 5, <u>6</u>
- y：2, 4, 6, 8, 10, <u>0</u>

この外れ値が含まれると，相関係数は約 0.14 となり，大幅に減少します．外れ値がデータ間の関係性を歪め，相関係数が本来の関係性を正確に反映していないことがわかります．

このように，外れ値はデータ分析において，その結果に大きな影響を与えることがあります．データセットに外れ値が含まれる場合，それを適切に検

出し，分析においてその影響を考慮することが必要です．

偶然の相関関係

　実際には関連性がないにもかかわらず，まったくの偶然で二つの変数間に相関関係が見られることがあります．例えば，過去には気温の上昇と海賊の数の減少，プールの溺死者数と俳優ニコラス・ケイジの年間映画出演本数といった，関連性がなさそうな二つの変数間に相関が見られたケースがあります．これらは見せかけの相関と呼ばれます[3]．

非線形関係

　相関係数は，二つの変数間の線形関係のみを捉えることができます．図3.7 を見てみましょう．どちらの散布図からも，変数の間に明らかに強い非線形（二次曲線と円）の関係があることがわかります．しかし，データが①②③④すべての領域に均等に分布しているため，相関係数は 0（または 0 に近い値）になります．

　このように，相関係数が 0（または 0 に近い値）であっても，二つの変数間に非線形関係が存在しないとは限りません．そのため，データ分析では散布図を用いてデータの分布を確認し，非線形関係の可能性を検討することが重要です．

相関と因果の区別

　相関関係があるからといって，それが因果関係であるとは限りません．因果関係があれば通常，相関関係も観察されますが，相関関係があってもそれが因果関係に基づくとは限りません．この点を混同しないよう注意が必要です．

　例えば，夏に清涼飲料水の販売量が増えると同時に，海やプールでの水難

3　タイラー・ヴィーゲン氏のウェブサイト（http://www.tylervigen.com/spurious-correlations）でさまざまな例が紹介されています．

50　第 3 章　2 変量の記述

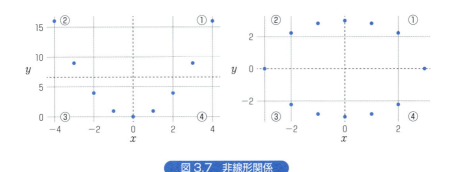

図 3.7 非線形関係

事故数が増加することがあります．しかし，これは清涼飲料水の販売量が水難事故を引き起こしているわけではありません．むしろ，両者に共通の要因である高温が影響を与えていると考えられます．

このように，二つの事象の間に相関があったとしても，それが直ちに因果関係を示すわけではありません．因果関係を正しく理解するためには，より詳細な分析が必要です[4]．

3.4　単回帰分析

相関係数は，二変数間の定性的な関係性を評価できます．例えば，「ある変数が増えると，別の変数も増える」または「ある変数が増えると，別の変数は減る」といった具合です．具体的な数字や量を伴わず，変数同士が増減する方向や傾向を示すことが目的です．つまり，相関係数は，物事が互いにどう関連しているかの大まかな方向や傾向を示すことができます．しかし，

---

[4] 因果関係の分析についての初歩的な解説としては，例えば文献 [5] を参照してください．

相関係数だけでは，変数 X が 1 単位増加したときに，変数 Y がどれだけ増加するかといった定量的な関係を明らかにすることはできません.

そこで，定量的な関係を測定するための方法として，単回帰分析が用いられます. 単回帰分析では，次のような一次方程式を用いて二つの変数 x と y の関係を考えます.

$$y = a + bx$$

y を目的変数，x を説明変数と呼びます[5]. また，a は切片，b は傾きで回帰係数と呼ばれます. 回帰係数 b は，X が 1 単位増加したときに Y が平均的にどれだけ増加するかを示します. したがって，単回帰分析を用いることで，変数間の定量的な関係を明確にすることができます.

3.4.1 単回帰直線の切片 a と傾き b の求め方

単回帰直線の切片 a と傾き b は，散布図上の各データ点と直線との距離の二乗和が最小になるように計算されます. この方法は，最小二乗法と呼ばれ，回帰直線を求める際に一般的に用いられる手法です. 詳細な計算プロセスは省略しますが，最小二乗法により，データに最も適合する直線が導かれます.

切片 a と傾き b は次の式で計算されます.

$$a = \bar{y} - b\bar{x}, \quad b = \frac{C_{xy}}{S_x^2}$$

ここで，$\bar{x}$ は説明変数 x の平均値，$\bar{y}$ は目的変数 y の平均値，C_{xy} は x と y の共分散，S_x^2 は x の分散です. 切片 a は，回帰直線が y 軸と交わる点，すなわち $x = 0$ のときの y の値を表します. また，傾き b は，説明変数 x の変動に対して，目的変数 y がどれだけ変動するかを表します.

5　y は従属変数，x は独立変数とも呼ばれます.

3.4.2 決定係数

単回帰分析において,モデルの当てはまりの良さを評価する指標として**決定係数** R^2 が用いられます.決定係数は,回帰式がデータをどれだけよく説明しているかを示し,その値は 0 から 1 の範囲を取ります.1 に近いほど,モデルがデータをよく説明していることを意味します.

特に単回帰分析では,決定係数 R^2 は相関係数 r_{xy} の二乗と一致します.すなわち,相関係数の絶対値が大きいほど,回帰モデルによって説明できる変動の割合も大きくなることを意味します.この関係により,相関係数が単回帰分析においても重要な役割を果たしていることがわかります.

例:週間売上データの単回帰分析

表 3.1 のデータについて,第 2 週の売上 y と第 1 週の売上 x に次のよう

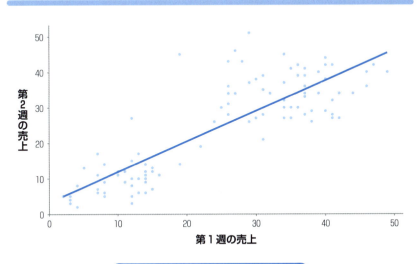

図 3.8 週間売上データの回帰直線

な関係を考えます.

$$y = a + bx$$

切片 a と傾き b を計算すると以下が得られます.

$$a = 3.096, \quad b = 0.8668$$

傾き b から,第 1 週の売上が 1 単位多い商品は,第 2 週の売上が約 0.87 多くなることがわかります.また,切片 a からは,仮に第 1 週の売上が 0 でも第 2 週の売上は約 3 となると考えられます.

図 3.8 は,週間売上データの散布図と回帰直線 $y = 3.096 + 0.8668x$ を示しています.回帰直線はデータの傾向を概ね良く表しています.実際,x と y の相関係数は約 0.84 であり,決定係数は約 0.71 です.これは,第 2 週の売上の変動の約 71% を回帰直線により説明できていることを示しています.

54　第 3 章 2 変量の記述

演 習 問 題

演習 1　散布図とは何ですか？ また，散布図を用いてどのようなことを調べることができますか？

演習 2　相関係数とは何ですか？ 相関係数が正の場合，負の場合，0 の場合の意味を説明してください．

演習 3　相関関係が強い場合，必ず因果関係があると言えますか？ 理由も含めて説明してください．

演習 4　単回帰分析とは何ですか？ また，単回帰直線を求めるための基本的な方法について説明してください．

演習 5　決定係数とは何ですか？ 単回帰分析における決定係数の解釈を説明してください．

演習 6　あるクラスの学生の数学の点数と英語の点数は以下の通りです．これらのデータについて共分散を求めてください．
- 数学の点数：$60, 70, 80, 90, 85$
- 英語の点数：$55, 65, 75, 85, 80$

演習 7　上記のデータを用いて，数学の点数と英語の点数の相関係数を求めてください．

演習 8　以下のデータを用いて，単回帰直線 $y = a + bx$ の傾き b と切片 a を求め，回帰直線の方程式を求めてください．
- 説明変数 x：$1, 2, 3, 4, 5$
- 目的変数 y：$2, 3, 5, 7, 8$

演習 9　上記のデータを用いて，回帰直線の当てはまりの良さを表す決定係数を求めてください．

演習問題　55

第4章

確率の基礎

これまでに学んだ記述統計は，データをわかりやすく要約し，整理する方法に関するものでした．これにより，データの集合を理解しやすくなります．

しかし，現実には，データの源泉となる母集団の性質を直接調査することは，多くの場合に困難です．特に，日本全体や関東全域など，対象となる母集団が大きい場合，すべてのデータを収集して行う全数調査は時間やコストがかかりすぎるため，ほとんど実現不可能です．このため，母集団から無作為抽出された一部のデータ，すなわち標本を用いて，母集団の性質を推測する必要があります．これは，推測統計の主要な目的の一つで，推定と呼ばれます．

推測統計においては，確率変数と確率分布という重要な概念を用います．確率変数はランダムな現象の結果を数値で表したもので，確率分布はその確率変数が取りうる値とその値を取る確率との関係を示したものです．これらの概念を理解することが，統計学的な思考方法を身につけるための出発点となります．

本章と次章で，これらの確率変数と確率分布について学んでいきましょう．

4.1 確率変数と確率分布

4.1.1 確率変数

確率変数は，実現可能なすべての結果を集めたもの（標本空間）の個々の異なった結果（標本点）に対応して決まる変数です．標本点が確率的に生じるため，確率変数もまた確率的に値が決定されます．確率変数が取りうる値が数え上げ可能な場合，これを離散確率変数と言います．一方，値が連続的な範囲を取る場合，連続確率変数と称されます．

確率変数がある値を取ったとき，その値を実現値と呼びます．ここで，確率変数を表す際には大文字を用い（例：X），その実現値には小文字を使用します（例：x）．例えば，$X = x$ は「確率変数 X が実現値 x を取る」という意味になります．

例：コイン投げ

コインを 1 回投げる場合を考えます．この標本空間は $\Omega = \{H, T\}$ で，H は表を，T は裏を表します[1]．各標本点の確率は $P(H) = P(T) = 0.5$ です．ここで，表が出る回数を確率変数 X とすると，X の取りうる値は 0 または 1 です．これを数学的に表現すると，次のようになります．

$$
X = \begin{cases} 1 & \text{表のとき} \\ 0 & \text{裏のとき} \end{cases}
$$

X は取りうる値が 0 または 1 の二つなので，離散確率変数です．コインを投げて表が出た場合，表が出た回数 1 は X の実現値であり，これは確率変

---

1 Ω はギリシャ文字で「オメガ」と読みます．確率論やそれに基づく推測統計では，ギリシャ文字が多く使われます．

58 第 4 章 確率の基礎

数ではありません.

4.1.2 確率分布

確率分布は，確率変数 X と，その取りうる各値 x に対する確率 $P(X = x)$ との対応関係を示します．離散確率変数の場合は離散確率分布，連続確率変数の場合は連続確率分布と呼ばれます．

例：コイン投げ

コインを 1 枚投げる場合，標本空間は $\Omega = \{H, T\}$（H は表，T は裏）です．表の出る回数を確率変数 X とすると，X が取りうる値は 0 か 1 です．このとき，X の確率分布は次のようになります．

- $X = 0$ のとき，確率は $P(X = 0) = 0.5$
- $X = 1$ のとき，確率は $P(X = 1) = 0.5$

コインを 2 回投げる場合，標本空間は $\Omega = \{HH, HT, TH, TT\}$ です．表の出る回数を確率変数 X とすると，X の確率分布は以下の通りです．

- $X = 0$ のとき，$P(X = 0) = \dfrac{1}{4} = 0.25$
- $X = 1$ のとき，$P(X = 1) = \dfrac{2}{4} = 0.50$
- $X = 2$ のとき，$P(X = 2) = \dfrac{1}{4} = 0.25$

この場合も，X は離散確率変数です．

連続確率変数の例

ある飲食店のランチタイム（午前 11 時から午後 2 時まで）における料理の注文が入る間隔を考えてみます．この注文間隔を確率変数 X とします．ランチタイム中に次の注文まで何分かかるかは正確には予測できませんが，

4.1　確率変数と確率分布　　59

理論上はその時間が 0 から 180 分までの間で無限に存在しうると考えられます．

このような場合，確率変数 X は連続確率変数と呼ばれます．連続確率変数の特徴として，取りうる値が連続的であり，理論上無限に存在する点が挙げられます．実際の注文時間間隔では秒単位以下で測定することに意味はないかもしれません．しかし，アプリを使った注文では例えばミリ秒単位で時間を記録することもできるかもしれませんし，理論的にはより細かい時間間隔も可能です．そのため，確率的に決まる注文間隔 X は連続的に変化すると考えられます．

連続確率変数の性質を詳しく理解するには微積分の知識が必要になりますが，この本では扱いません．以下では，離散確率変数を用いて確率変数の理解を深めますが，紹介する概念や基本的な性質は，連続確率変数にも適用可能です．

4.2 期 待 値

確率変数 X の具体的な値は確率的に決まります．どの値が実現するかは事前にはわからないものの，確率分布がわかっている場合，X が取る平均的な値，すなわち分布の中心を事前に求めることが可能です．この平均的な値を期待値と呼びます．確率変数 X の期待値は $E(X)$ または μ（ギリシャ文字「ミュー」）と表されます．ここで，E は Expectation（期待）の頭文字を取っています．

離散確率変数 X の取りうる値が $\{x_1, x_2, \cdots, x_m\}$ の場合，その期待値は以下のように定義されます．

$$E(X) = \mu = x_1 P(X = x_1) + x_2 P(X = x_2) + \cdots + x_m P(X = x_m)$$

この式は，X の取りうる各値 x_i を，それが生じる確率 $P(X = x_i)$ で重み

60　第 4 章 確 率 の 基 礎

付けして足し合わせたものです．つまり，期待値は X の確率加重平均となります．

　期待値は，ある試行を無限回繰り返した場合に，平均して得られる値を示します．したがって，一回の試行で得られる値ではなく，長期的な平均値と解釈することが重要です．期待値は，確率変数の平均的な振る舞いを把握する際に非常に有用な概念です．

4.2.1　サイコロ投げの期待値と平均の関係

　ある飲食店では，日替わりランチに加えておすすめ品を注文すると，サイコロを投げて出た目の数だけ日替わりランチ 10% 割引券がもらえます．もらえる割引券の数，つまり，サイコロを一回振ったときの出目を確率変数 X とします．サイコロの出目の期待値は，サイコロの取りうる値 $\{1, 2, 3, 4, 5, 6\}$ にそれぞれの出目の確率 1/6 を掛けて加重平均したものです．

$$E(X) = 1 \times \frac{1}{6} + 2 \times \frac{1}{6} + 3 \times \frac{1}{6} + 4 \times \frac{1}{6} + 5 \times \frac{1}{6} + 6 \times \frac{1}{6} = 3.5$$

期待値 3.5 は，サイコロの出目の長期的な平均値であり，確率変数ではなく定数です．期待値を利用することで，飲食店の経営者は長期的な割引券の配布総数を予測しやすくなり，割引を考慮した売上の予測やクーポンの効果を分析する際に役立ちます．

　ある月には，おすすめ品の注文が 600 回あり，サイコロを 600 回振ったときの各出目の回数が以下のようになりました．

出目	1	2	3	4	5	6
回数	92	110	105	100	99	94

出目の平均は，各出目をその出現回数で重み付けして合計した後，全体の試行回数 600 で割ることによって求められます．

4.2　期待値　　61

$$
\begin{aligned}
\text{平均} &= \frac{1 \times 92 + 2 \times 110 + 3 \times 105 + 4 \times 100 + 5 \times 99 + 6 \times 94}{600} \\
&= 1 \times \frac{92}{600} + 2 \times \frac{110}{600} + 3 \times \frac{105}{600} + 4 \times \frac{100}{600} + 5 \times \frac{99}{600} + 6 \times \frac{94}{600} \\
&= 3.485
\end{aligned}
$$

これは，各出目に相対度数を掛けて加重平均したものと考えることができます．この平均値は，理論上のサイコロの期待値である 3.5 に近い値になりますが，わずかな誤差が含まれています．これは，サイコロの出目の相対度数（各目が出た割合）が，サイコロの理論上の確率 $\frac{1}{6}$ とは異なるためです．

試行回数が少ないときには，実際の平均値は期待値から大きく外れることがあります．しかし，試行回数を増やすにつれて，相対度数は理論上の確率に徐々に近づいて（収束して）いき，平均値は期待値に収束します．この現象は大数の法則と呼ばれ，「試行回数が増えるにつれて平均は期待値に収束する」という性質を表しています．これにより，長期的には，サイコロの出目の平均は期待値に近づいていきます．

4.2.2 線形変換した確率変数の期待値

確率変数 X に対して定数を掛けて定数を足した新しい確率変数 $Y = a + bX$ を考えます．ここで，a と b は任意の定数で，このような操作を線形変換と呼びます．この変換された確率変数 Y の期待値 $E(Y)$ は次のように求められます．

$$
E(Y) = E(a + bX) = a + bE(X)
$$

例えば，$Y = 3 + 5X$ である場合，Y の期待値は以下の通りです．

$$
E(Y) = E(3 + 5X) = 3 + 5E(X)
$$

上記の期待値の計算から，期待値の便利な性質が得られます．

62　第4章 確率の基礎

- 定数の期待値はその定数自身になります. すなわち, $b=0$ の場合, $E[Y]=E[a]=a$ です.
- 確率変数に係数を掛けた場合, その係数は期待値の計算において外に出すことができます. つまり, $a=0$ の場合, $E[Y]=E[bX]=bE[X]$ となります.

この性質により, 線形変換された確率変数について, 元の確率変数の期待値をもとに簡単に新しい期待値を計算できます. これは, 確率変数の分析や, 確率モデルの解釈において非常に重要な意味を持ちます.

例：飲食店の期待収入

4.2.1 節の飲食店では, 日替わりランチに加えておすすめ品を注文すると, サイコロを振って出た目の数だけ 10% 割引券がもらえます. ここで, 日替わりランチの価格を 1,000 円, おすすめ品の価格を 500 円とします. また, 割引券はその日に利用でき, 割引券の枚数に 10% を掛けた金額が割引額となります. この条件の下で, おすすめ品の追加注文によって得られる収入の期待値を求めます.

割引額は日替わりランチの価格 1,000 円に対して, サイコロの出目に 10% を掛けて計算されます. 具体的には以下の通りです.

$$1 \text{ が出た場合の割引額}：1{,}000 \times 0.1 = 100 \text{ 円}$$
$$2 \text{ が出た場合の割引額}：1{,}000 \times 0.2 = 200 \text{ 円}$$
$$3 \text{ が出た場合の割引額}：1{,}000 \times 0.3 = 300 \text{ 円}$$
$$4 \text{ が出た場合の割引額}：1{,}000 \times 0.4 = 400 \text{ 円}$$
$$5 \text{ が出た場合の割引額}：1{,}000 \times 0.5 = 500 \text{ 円}$$
$$6 \text{ が出た場合の割引額}：1{,}000 \times 0.6 = 600 \text{ 円}$$

割引額の期待値 E（割引額）は, 各割引額にそれぞれの確率 $\frac{1}{6}$ を掛けて合計することで計算されます.

$$E\,(割引額)$$
$$= 100 \times \frac{1}{6} + 200 \times \frac{1}{6} + 300 \times \frac{1}{6} + 400 \times \frac{1}{6} + 500 \times \frac{1}{6} + 600 \times \frac{1}{6}$$
$$= 350\,円$$

次に，おすすめ品の追加注文によって得られる収入の期待値を求めます．ここで，

- おすすめ品の販売価格：500 円
- 割引によるコスト：期待割引額 350 円

となるので，追加収入の期待値は次の通りです．

$$E\,(追加収入) = 500 - 350 = 150\,円$$

したがって，おすすめ品の追加注文による利益の期待値は 150 円です．このことは，割引の期待額を考慮しても，追加注文を促すことで利益を得る可能性が高いことを示しています．

なお，この追加収入の期待値は，線形変換した確率変数の期待値として簡単に求められます．追加収入を Y とすると，Y は X の線形変換として次のように表されます．

$$Y = 500 - 1,000 \times 0.1X = 500 - 100X$$

4.2.1 節で計算したように，サイコロの期待値 $E(X)$ は 3.5 なので，追加収入 Y の期待値は以下のように計算できます．

$$E(Y) = E(500 - 0.1X) = 500 - 0.1E(X) = 500 - 100 \times 3.5 = 150$$

4.3 分散と標準偏差

第2章で学んだ記述統計と同様に，確率変数の分散と標準偏差は，確率分布のばらつきの程度を測るための指標です．これらは，確率変数の取りうる値が平均（期待値）からどれだけ散らばっているかを数値化したものです．

4.3.1 分　　散

確率変数 X の各値 x_i が取る期待値 $E(X)$ からの乖離，つまり偏差 $x_i - E(X)$ を用いてばらつきを測ります．しかし，偏差の単純な合計はプラスとマイナスで相殺されてしまうため，偏差の二乗 $(x_i - E(X))^2$ を用いることで，この問題を解決します．分散は，これらの偏差の二乗の期待値として定義されます．確率変数 X の分散は $V(X)$ または σ^2 と表されます．

$$分散 = V(X) = \sigma^2 = E((X-\mu)^2)$$

ここで，V は Variance（分散）の頭文字で，σ はギリシャ文字で「シグマ」と読みます．また，$\mu = E(X)$ です．

分散は，X の二乗の期待値 $E(X^2)$ から X の期待値の二乗 μ^2 を引いたものとして計算することもできます[2]．

$$V(X) = E(X^2) - \mu^2$$

この公式は計算を簡単にするのに役立ちます．

分散を計算する際，偏差の二乗を取ることで値のスケールが元の確率変数とは異なるものになります．これは特に，確率変数の単位が重要な意味を持

2　以下のように示すことができます．
$$V(X) = E((X-\mu)^2) = E(X^2 + \mu^2 - 2X\mu)$$
$$= E(X^2) + \mu^2 - 2E(X)\mu = E(X^2) - \mu^2$$

つ場合に解釈を難しくする可能性があります．この問題を解決するために，分散の平方根である標準偏差が用いられます．標準偏差は元の確率変数と同じ単位を持ち，分散よりも直感的に確率変数のばらつきを理解するのに適しています．

4.3.2 標準偏差

標準偏差は，分散の平方根を取ることにより，確率変数のばらつきの尺度を元の確率変数と同じスケールに戻したものです．これにより，確率変数のばらつきをより直感的に理解することが可能になります．標準偏差は，分散とともに確率変数のばらつきを表す指標として広く用いられます．

確率変数 X の標準偏差は，分散 $V(X)$ の平方根として計算され，$\sqrt{V(X)}$ または σ と表されます．

$$\sqrt{V(X)} = \sigma = \sqrt{E((X-\mu)^2)}$$

ここで，μ は X の期待値 $E(X)$ です．

分散と標準偏差は，確率変数が期待値から平均的にどの程度ばらつくかを示します．これにより，確率変数の散らばり具合を把握できるようになり，確率分布の特性をより深く理解するのに役立ちます．

4.3.3 サイコロ投げの分散

サイコロを 1 回振ったときの出目を確率変数 X とすると，その分散は以下の式で計算されます．

$$V(X) = (1-3.5)^2 \times \frac{1}{6} + (2-3.5)^2 \times \frac{1}{6} + \cdots$$

計算を容易にするために，計算に便利な公式を用います．X の期待値は $E(X) = 3.5$ であり，X^2 の期待値は以下のように求められます．

$$E(X^2) = \frac{1+4+9+16+25+36}{6} = \frac{91}{6} \approx 15.17$$

よって，X の分散は次のようになります．

$$V(X) = E(X^2) - E(X)^2 = 15.17 - 3.5^2 = 2.92$$

また，X の標準偏差は以下の通りです．

$$\sqrt{V(X)} = \sqrt{2.92} \approx 1.71$$

4.3.4 線形変換した確率変数の分散

確率変数 X に線形変換 $Y = a + bX$ を施した場合，変換後の確率変数 Y の分散 $V(Y)$ は次のように計算されます．

$$
\begin{aligned}
V(Y) &= E((Y - \mu_Y)^2) = E((a + bX - (a + b\mu_X))^2) \\
&= E(b^2(X - \mu_X)^2) = b^2 E((X - \mu_X)^2) \\
&= b^2 V(X)
\end{aligned}
$$

ここで，μ_X は X の期待値，μ_Y は Y の期待値を表します．Y の分散は係数 b の二乗にのみ依存し，定数 a は分散に影響を与えません．b の絶対値が 1 より大きい場合，$V(Y)$ は $V(X)$ より大きくなり，b の絶対値が 1 より小さい場合，$V(Y)$ は $V(X)$ より小さくなります．

図 4.1 は，線形変換した $Y = a + bX$（$a > 0, b > 1$）の分布について，その変化を 2 段階で表しています．

(1) $a + X$ の期待値と分散は以下の通りです．

$$E(a + X) = a + E(X), \quad V(a + X) = V(X)$$

この変換では，X の分布が a だけシフトされ，期待値は増加しますが，分布の形状は変わらず（分散は同じ），分布の広がりに影響を与えませ

4.3 分散と標準偏差　67

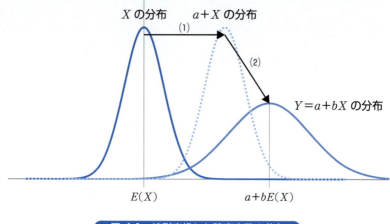

図 4.1　線形変換した確率変数の分布

ん．

(2) $Y = a + bX$ の期待値と分散は以下の通りです．

$$E(Y) = a + bE(X), \quad V(Y) = b^2 V(X)$$

ここでは，Y の分布は X の分布より広がっています（分散の増加）．また，分布の中心は $a + bE(X)$ にシフトします．

例：年末ジャンボ宝くじの当せん金の期待値と分散

年末ジャンボ宝くじ[3]の当せん金について，期待値，分散，そして標準偏差を計算する例を見てみましょう．表 4.1 は，2023 年における年末ジャンボ宝くじの概要です．1 ユニットにおける各等級の当せん金額と確率（割合）をまとめると表 4.2 のようになります．

3　https://www.takarakuji-official.jp/brand/jumbo/product/product.html

表 4.1　2023 年における年末ジャンボ宝くじの概要

名　称	年末ジャンボ宝くじ（第 984 回 全国自治宝くじ）
発売期間	令和 5 年 11 月 21 日（火）から令和 5 年 12 月 22 日（金）まで
発売予定額	1,380 億円（23 ユニット）※ 1 ユニット 2,000 万枚
発売地域	全国
発売元	全国都道府県および 20 指定都市
価　格	1 枚 300 円
抽せん日	令和 5 年 12 月 31 日（日）

表 4.2　1 ユニットにおける当選金と確率（割合）

等級等	当せん金	本数（1 ユニット）	確率（割合）
1 等	700,000,000	1	0.00000005
1 等の前後賞	150,000,000	2	0.00000010
1 等の組違い賞	100,000	199	0.00000995
2 等	10,000,000	8	0.00000040
3 等	1,000,000	400	0.00002000
4 等	50,000	2,000	0.00010000
5 等	10,000	20,000	0.00100000
6 等	3,000	200,000	0.01000000
7 等	300	2,000,000	0.10000000
ハズレ	0	17,777,390	0.88886950
合　計	861,163,300	20,000,000	1.00000000

　1 枚あたりの当せん金額の期待値は，各等級の当せん金にその確率を賭けた値の合計として，次のように計算されます．

$$
\begin{aligned}
期待値 &= 700,000,000 \times 0.00000005 + 150,000,000 \times 0.00000010 \\
&\quad + 100,000 \times 0.00000995 + \cdots + 300 \times 0.1 + 0 \times 0.88886950 \\
&= 149.995 \, 円
\end{aligned}
$$

したがって，1 本 300 円の宝くじに対して，平均的に得られる金額は約 150

4.3　分散と標準偏差　　69

円であることがわかります．もちろん，宝くじを100本程度購入した場合，当せん金額の1本あたりの平均値は150円より高くなったり，低くなったりすることがあります．しかし，大数の法則により，宝くじを大量に購入すればするほど，この平均値は期待値である150円に近づいていきます．実際に，1ユニット（20,000,000本）の宝くじをすべて購入した場合，当せん金額の1本あたりの平均値は，当せん金額の合計を総数で割ることにより，次のように計算されます[4]．

$$\frac{2{,}999{,}900{,}000}{20{,}000{,}000} = 149.995\,円$$

すなわち，母集団（1ユニットすべての宝くじ）と標本（購入した宝くじ）が同じである場合，期待値と平均値が等しくなることがわかります．

当せん金額の分散は，各当せん金の二乗の期待値から期待値の二乗を引くことで，次の値を得ます．

$$分散 = 26{,}810{,}526{,}001.5$$

当せん金額の標準偏差は，分散の平方根を取ることで計算されます．

$$標準偏差 = \sqrt{26{,}810{,}526{,}001.5} = 163{,}739.2012\,円$$

この結果から，当せん金額の分布が非常に広がっていること（つまり，高額当せんとハズレの差が大きいこと）がわかります．標準偏差が大きいということは，当せん金額のばらつきが極めて大きいことを示しており，購入者はごく一部の高額当せんを狙う一方で，その多くはハズレに終わる可能性が高いというリスクを負っているのです．

4　当せん金額の合計は，それぞれの等級の当せん金に本数を掛けて求めた値です．これは表4.2に示された当せん金の合計とは異なります．

4.4 複数の確率変数

　日常生活や経済活動における多くの現象は，単一の確率変数だけでは十分に解明できないことがあります．例えば，天気が待ち時間にどう影響を与えるか，または世界各国の株価の動きがどのように関連しているかなど，複数の要因が絡み合う問題を解析する際には，複数の確率変数を同時に考慮する必要があります．

4.4.1 同時確率

　二つの確率変数 X と Y について考えます．X の取りうる値が $\{x_1, x_2, \cdots, x_m\}$，$Y$ の取りうる値が $\{y_1, y_2, \cdots, y_s\}$ であるとき，X と Y が同時に特定の値を取る確率を同時確率と呼びます．X が x_i となり，かつ Y が y_j となる同時確率を次のように表します．

$$P(X = x_i, Y = y_j)$$

すべての同時確率の合計は 1 になります．例えば，X の取りうる値が $\{x_1, x_2\}$，Y の取りうる値が $\{y_1, y_2, y_3\}$ であるとき，

$$P(X = x_1, Y = y_1) + P(X = x_1, Y = y_2) + P(X = x_1, Y = y_3)$$
$$+ P(X = x_2, Y = y_1) + P(X = x_2, Y = y_2) + P(X = x_2, Y = y_3) = 1$$

となります．これは確率の公理（ルール）に基づくもので，すべての可能性を網羅した場合，その確率の総和は 1 に等しくなければなりません．

　複数の確率変数を用いた分析により，より複雑な現象の背後にある関係性を理解することが可能になります．また，同時確率分布を通じて，複数の変数間の相互作用を定量的に評価することができます．

表4.3　天気 X と遊園地の待ち時間 Y の同時確率分布表			
	$Y=0$ （短い）	$Y=1$ （普通）	$Y=2$ （長い）
$X=0$（雨）	0.2	0.1	0.05
$X=1$（晴れ）	0.05	0.15	0.45

例：天気と遊園地の待ち時間

天気を表す確率変数 X（$X=0$ は雨，$X=1$ は晴れ）と，遊園地の待ち時間を表す確率変数 Y（$Y=0$ は短い，$Y=1$ は普通，$Y=2$ は長い）を考えます．例えば，天気が雨であり，待ち時間が短い確率は $P(X=0, Y=0)=0.2$，晴れで待ち時間が長い確率は $P(X=1, Y=2)=0.45$ となります．

表4.3 は，X と Y の同時確率分布をまとめたものです．このような表を同時確率分布表と呼びます．晴れの日は雨の日に比べて，待ち時間が長くなる確率が高いことがわかります．また，すべての同時確率の合計が1となっていることが確認できます．

4.4.2　周辺確率

同時確率分布表から，確率変数 X と Y それぞれの確率分布を導き出すことができます．このようにして得られる確率分布を周辺確率分布と呼びます．これは，同時確率分布表の周辺に表示される（**表4.4** 参照）ためです．
周辺確率分布は以下のように計算されます．

$$P(X=x_i) = P(X=x_i, Y=y_1) + \cdots + P(X=x_i, Y=y_s)$$
$$P(Y=y_j) = P(X=x_1, Y=y_j) + \cdots + P(X=x_m, Y=y_j)$$

72　第4章 確率の基礎

表 4.4　天気 X と遊園地の待ち時間 Y の同時確率分布と周辺確率分布

	$Y=0$ (短い)	$Y=1$ (普通)	$Y=2$ (長い)	
$X=0$ (雨)	0.2	0.1	0.05	0.35
$X=1$ (晴れ)	0.05	0.15	0.45	0.65
	0.25	0.25	0.5	1

ここで，$P(X=x_i, Y=y_j)$ は X が x_i となり，かつ Y が y_j となる同時確率です．

周辺確率分布も確率の一形態であるため，それらの和は必ず 1 になります．

$$P(X=x_1) + P(X=x_2) + \cdots + P(X=x_m) = 1$$
$$P(Y=y_1) + P(Y=y_2) + \cdots + P(Y=y_s) = 1$$

例：天気と待ち時間の確率

表 4.3 から，天気が雨になる確率は，以下のように計算できます．

$$P(X=0) = P(X=0, Y=0) + P(X=0, Y=1)$$
$$+ P(X=0, Y=2)$$
$$= 0.2 + 0.1 + 0.05 = 0.35$$

同様に，待ち時間が短い確率は，以下の通りです．

$$P(Y=0) = P(X=0, Y=0) + P(X=1, Y=0) = 0.2 + 0.05$$
$$= 0.25$$

表 4.4 は，これらの周辺確率を加えた分布表です．待ち時間が短い，普通，

4.4　複数の確率変数　　73

長い確率の合計，および天気が雨と晴れになる確率の合計がそれぞれ1になることから，周辺確率分布が確率の公理を満たしていることがわかります．

4.4.3 条件付き確率

条件付き確率は，ある条件が与えられた下での確率を指します．具体的には，確率変数 Y がある値 y_j を取ったときに，別の確率変数 X が x_i を取る確率を，条件付き確率として

$$P(X = x_i | Y = y_j)$$

と表します．例えば，雨が降った場合の待ち時間の確率がこれに該当します．

条件付き確率は，同時確率と周辺確率を用いて，以下の式で計算されます．

$$P(X = x_i | Y = y_j) = \frac{P(X = x_i, Y = y_j)}{P(Y = y_j)}$$

ただし $P(Y = y_j) > 0$ と仮定します．この式は，$Y = y_j$ という条件下での $X = x_i$ の発生確率を示しており，同時確率を条件 $Y = y_j$ となる確率で割ることにより求められます．これは，$Y = y_j$ という条件下での X が取りうる値のすべての可能性を網羅した場合，その確率の総和が1に等しくなるという確率の公理のためです．

例：雨の日の待ち時間に関する確率

天気が雨（$X = 0$）の条件下で，遊園地の待ち時間が長くなる（$Y = 2$）確率は以下のように計算できます．

$$P(Y = 2 | X = 0) = \frac{P(X = 0, Y = 2)}{P(X = 0)} = \frac{0.05}{0.25} = 0.2$$

この計算から，天気が雨である条件下での待ち時間が長い確率が 0.2 であ

74　第4章 確率の基礎

り，条件なしでの待ち時間が長い確率 $P(Y=2)=0.5$ よりも低くなっていることがわかります．このように，条件付き確率を通じて，特定の条件下での出来事の発生確率から，二つの確率変数の関係性を理解することができます．

4.4.4 乗法定理

乗法定理は，2 つの事象 A $(X=x_i)$ と B $(Y=y_j)$ が同時に起こる確率を，条件付き確率を用いて表す方法です．この定理は，事象 A と事象 B の関係をより深く理解するのに役立ちます．

事象 A と事象 B が同時に起こる確率 $P(A, B)$ は，以下の二つの方法で表されます．

$$P(A, B) = P(A|B)P(B) = P(B|A)P(A)$$

ここで，$P(A|B)$ は事象 B が起きたという条件の下で事象 A が起きる条件付き確率を，$P(B|A)$ は事象 A が起きたという条件の下で事象 B が起きる条件付き確率を表します．

条件付き確率の定義から，乗法定理を導き出すことができます．事象 A が起きたという条件のもとで事象 B が起こる確率 $P(B|A)$ は，同時確率を事象 A の確率で割ったものです．つまり，

$$P(A|B) = \frac{P(A, B)}{P(B)}$$

これを変形すると，

$$P(A|B)P(B) = P(A, B)$$

となります．同様に，

$$P(B|A) = \frac{P(A, B)}{P(A)}$$

4.4 複数の確率変数　75

となり，これも変形すると，

$$P(B|A)P(A) = P(A, B)$$

と表されます．これらの式から，事象 A と B が同時に起こる確率は，いずれかの事象が起きたという条件の下で他方の事象が起きる確率と，その条件の事象の周辺確率の積であることがわかります．

4.4.5 事象の独立性

統計学における独立とは，一つの事象が他の事象に影響を与えずに単独で起こる性質を指します．これは，事象 A が事象 B の発生に何の影響も与えない，かつ，事象 B が事象 A の発生に何の影響も与えない，という意味です．

事象 A と事象 B が独立であるとは，次の関係が成立することを意味します．

$$P(A) = P(A|B) \quad および \quad P(B) = P(B|A)$$

事象 B の発生が事象 A の確率に影響を与えないため，事象 A の周辺確率と条件付き確率が等しくなっています．また，事象 A の発生も事象 B の確率に影響を与えないため，事象 B の周辺確率と条件付き確率が等しくなっています．

乗法定理によれば，二つの事象 A と B が同時に起こる確率は以下のように表されます．

$$P(A, B) = P(A|B)P(B)$$

事象 A と B が独立である場合，この式はさらに簡略化され，以下のようになります．

$$P(A, B) = P(A)P(B)$$

この式は，事象 A と B が互いに影響を与えずに発生することを示しており，独立な事象の確率計算を簡素化します．

　事象の独立性を理解することは，確率計算を行う上で非常に重要です．独立性の概念を用いることで，複雑な確率問題をより簡単に解析できるようになります．特に，複数の独立した事象が絡む確率計算において，この性質は計算を大幅に簡略化します．

例：天気と待ち時間

　表 4.4 において，天気 X と待ち時間 Y が独立な事象であるかを検討します．具体的には，天気が雨（$X=0$）の場合に，待ち時間が短くなる（$Y=0$）条件付き確率と，待ち時間が短い周辺確率を比較します．

　天気が雨（$X=0$）の条件下で待ち時間が短くなる（$Y=0$）条件付き確率は，次のように計算されます．

$$P(Y = 0|X = 0) = \frac{P(X = 0, Y = 0)}{P(X = 0)} = \frac{0.2}{0.35} = \frac{4}{7} \approx 0.57$$

待ち時間が短くなる（$Y=0$）周辺確率は，

$$P(Y = 0) = 0.25$$

となり，条件付き確率 $P(Y=0|X=0)$ と周辺確率 $P(Y=0)$ が異なります．このことから，天気 X と待ち時間 Y は独立ではないことが示されます．

　独立ではない場合，二つの事象の同時確率 $P(X=0, Y=0)$ は，単純に周辺確率の積で求めることはできません．実際の同時確率は

$$P(X = 0, Y = 0) = 0.2$$

であり，周辺確率を掛け合わせた結果

4.4　複数の確率変数　　77

$$P(X=0) \times P(Y=0) = 0.35 \times 0.25 = 0.0875$$

とは異なります．この例から，事象が独立でない場合には，同時確率を求める際に単純に周辺確率を掛け合わせることは適切ではないことが理解できます．

4.5　複数の確率変数の期待値と分散

2つの確率変数 X と Y に対して，例えば和 $X+Y$ のように X と Y を組み合わせた数（X と Y の関数）の期待値や分散は，それぞれの同時確率を使って計算することができます．ここでは，確率変数の和や差に関して，期待値と分散をどのように求めるかを説明します．以下では，簡略化のために $P(X=x_i, Y=y_j)$ を $p_{X,Y}(x_i, y_j)$ のように表します．

4.5.1　確率変数の和や差の期待値

確率変数 X と Y の線形和（それぞれに任意の定数をかけて足し合わせたもの）を表す関数 $aX+bY$（ここで a と b は任意の定数）の期待値は，aX と bY のそれぞれの値に対応する同時確率をかけて足し合わせることで求められます．具体的には，X が取りうる値を $\{x_1, x_2, \cdots, x_m\}$，$Y$ が取りうる値を $\{y_1, y_2, \cdots, y_s\}$ とした場合，それらの線形和 $aX+bY$ の期待値は次のように計算されます．

$$
\begin{aligned}
E(X+Y) \\
= (ax_1+by_1)p_{X,Y}(x_1, y_1) + \cdots + (ax_1+by_s)p_{X,Y}(x_1, y_s) \\
+ (ax_2+by_1)p_{X,Y}(x_2, y_1) + \cdots + (ax_2+by_s)p_{X,Y}(x_2, y_s) \\
+ \cdots + (x_m+y_1)p_{X,Y}(x_m, y_1) + \cdots + (x_m+y_s)p_{X,Y}(x_m, y_s)
\end{aligned}
$$

この式を簡略化するために，X と Y の取りうる値が二つずつの場合を考えて，$E(aX+bY)$ を計算してみます．

$$
\begin{aligned}
E(aX &+ bY) \\
&= (ax_1 + by_1)p_{X,Y}(x_1, y_1) + (ax_1 + by_2)p_{X,Y}(x_1, y_2) \\
&\quad + (ax_2 + by_1)p_{X,Y}(x_2, y_1) + (ax_2 + by_2)p_{X,Y}(x_2, y_2) \\
&= ax_1(p_{X,Y}(x_1, y_1) + p_{X,Y}(x_1, y_2)) \\
&\quad + ax_2(p_{X,Y}(x_2, y_1) + p_{X,Y}(x_2, y_2)) \\
&\quad + by_1(p_{X,Y}(x_1, y_1) + p_{X,Y}(x_2, y_1)) \\
&\quad + by_2(p_{X,Y}(x_1, y_2) + p_{X,Y}(x_2, y_2)) \\
&= a(x_1 \times P(X = x_1) + x_2 \times P(X = x_2)) \\
&\quad + b(y_1 \times P(Y = y_1) + y_2 \times P(Y = y_2)) \\
&= aE(X) + bE(Y)
\end{aligned}
$$

この性質は，X と Y の取りうる値がいくつであっても成り立ち，確率変数の和や差に対する期待値を計算する際に非常に便利です．特に，$a=b=1$ の場合，

$$
E(X+Y) = E(X) + E(Y)
$$

であり，和の期待値はそれぞれの期待値の和となることがわかります．また，$a=1, b=-1$ の場合，

$$
E(X-Y) = E(X) - E(Y)
$$

となり，差の期待値はそれぞれの期待値の差となります．

　上記の性質は，確率変数が三つ以上ある場合にも適用されます．例えば，確率変数 X，Y，および新たな確率変数 Z，そして任意の定数 a，b，c を使って構成される関数 $aX+bY+cZ$ に対して，その期待値は次のように計算できます．

4.5　複数の確率変数の期待値と分散　79

$$E(aX+bY+cZ) = aE(X)+bE(Y)+cE(Z)$$

特に，$a=b=c=1$ の場合は，

$$E(X+Y+Z) = E(X)+E(Y)+E(Z)$$

となります．これは「確率変数の和の期待値はそれぞれの期待値の和に等しい」という性質を示しています．

例：サイコロ 2 個の出目の合計の期待値

サイコロを 2 回振る場合，1 回目の出目を X，2 回目の出目を Y としたとき，サイコロを 1 回振ったときの出目の期待値は 3.5 です．すなわち，$E(X)=E(Y)=3.5$ です．したがって，出目の和の期待値は，それぞれの期待値の和として次のように計算できます．

$$E(X+Y) = E(X)+E(Y) = 3.5+3.5 = 7$$

また，サイコロを 3 回振る場合（1 回目 X，2 回目 Y，3 回目 Z），出目の和の期待値は以下のようになります．

$$E(X+Y+Z) = E(X)+E(Y)+E(Z) = 3.5+3.5+3.5 = 10.5$$

一般に，サイコロを n 回振った場合の出目の和の期待値は $n\times 3.5$ となります．

4.2.1 節の飲食店では，日替わりランチに加えておすすめ品を注文すると，サイコロを投げて出た目の数だけ 10% 割引券がもらえます．1 ヶ月の日替わりランチの注文数が 600 だとすると，割引券を $600\times 3.5 = 2{,}100$ 枚は用意する必要がありそうです．

80　第 4 章 確率の基礎

4.5.2 独立な確率変数の和や差の分散

独立な確率変数の和や差の分散は，それぞれの確率変数の分散の和で計算することができます．確率変数 X と Y が独立である場合，任意の定数 a と b を用いて形成される $aX+bY$ の分散は，

$$V(aX+bY) = a^2V(X)+b^2V(Y)$$

と計算できます[5]．特に，$a=b=1$ の場合は，

$$V(X+Y) = V(X)+V(Y)$$

となり，和の分散はそれぞれの分散の和に等しいことを示します．また，$a=1, b=-1$ の場合は，

$$V(X-Y) = V(X)+V(Y)$$

となり，差の分散も同様にそれぞれの分散の和で表すことができます．

この性質は，X，Y，Z など，三つ以上の独立な確率変数にも適用されます．例えば，X，Y，Z が互いに独立であるとき，次のような計算が成り立ちます．

$$V(X+Y+Z) = V(X)+V(Y)+V(Z)$$
$$V(X-Y+Z) = V(X)+V(Y)+V(Z)$$
$$V(X+Y-Z) = V(X)+V(Y)+V(Z)$$
$$V(X-Y-Z) = V(X)+V(Y)+V(Z)$$

すなわち，「独立な確率変数の和や差の分散は，それぞれの確率変数の分散の和に等しい」という原則が成立します．

---

5 期待値の場合と同様に，X と Y が取りうる値が二つずつの場合について確認してみてください．

例：サイコロ2個の出目の合計の分散

サイコロを2回振る場合，1回目の出目を X，2回目の出目を Y とした
とき，サイコロを1回振ったときの出目の分散は 2.92 です（4.3.3節参照）．
すなわち，$V(X)=V(Y)=2.92$ です．一般に，サイコロの出目は，それぞ
れ独立と考えられます．したがって，出目の和の分散は，それぞれの分散の
和として次のように計算できます．

$$V(X+Y) = V(X)+V(Y) = 2.92+2.92 = 5.84$$

また，サイコロを3回振る場合（1回目 X，2回目 Y，3回目 Z），出目の
和の分散は以下のようになります．

$$V(X+Y+Z) = V(X)+V(Y)+V(Z) = 2.92+2.92+2.92 = 8.76$$

一般に，サイコロを n 回振った場合の出目の和の分散は $n\times 2.92$ となりま
す．

演習問題

演習 1　確率とは何ですか？ また，確率をどのように計算しますか？ 基本的な考え方を説明してください．

演習 2　条件付き確率とは何ですか？ 例を挙げて説明してください．

演習 3　独立事象とは何ですか？ 独立事象の確率を計算する方法を説明してください．

演習 4　サイコロを 1 回振ったときに 3 以上の目が出る確率を求めてください．

演習 5　ある袋の中に赤い玉 3 個，青い玉 2 個，緑の玉 1 個が入っています．この袋から一つの玉を取り出し，元に戻してからもう一つの玉を取り出すという操作を行うとき，2 回とも赤い玉が出る確率を求めてください．

演習 6　質の異なる二つのサイコロを使います．一つは通常のサイコロで，もう一つは 4 以上の目が出やすいサイコロです．通常のサイコロで 4 以上の目が出る確率は 0.5 ですが，4 以上の目が出やすいサイコロでは 4 以上の目が出る確率が 0.75 です．この場合，二つのサイコロを振って，どちらか一方でも 4 以上の目が出る確率を求めてください．

第 5 章

確 率 分 布

　本章では，代表的な確率分布について学びます．まず，離散型確率分布であるベルヌーイ分布と二項分布を取り上げます．続いて，連続型確率分布の中でも統計学で最も頻繁に用いられる正規分布について学びます．さらに，推定において重要な中心極限定理を紹介し，二項分布と正規分布の間に存在する関係についても考察します．

5.1 ベルヌーイ分布

　ある試行で，特定の事象 A が起こることを「成功」とし，それ以外を「失敗」とします．成功する確率を p，失敗する確率を $1-p$ とします．このとき，成功であれば 1，失敗であれば 0 を取る確率変数をベルヌーイ確率変数と呼びます．

　例えば，コイン投げを行ったとき，コインの表が出れば「成功」（$X=$ 1），裏が出れば「失敗」（$X=0$）とすることができます．通常のコインであれば，表が出る確率 p と裏が出る確率 $1-p$ は共に 0.5 です．

　ベルヌーイ分布は，このようなベルヌーイ確率変数の確率分布を指し，二値の結果をもたらす試行に対して使用されます．ベルヌーイ分布は，この法則を発見したヤコブ・ベルヌーイにちなんで名付けられました[1]．

　ベルヌーイ確率変数 X の期待値は，成功の確率 p を用いて，

$$E(X) = 1 \times p + 0 \times (1-p) = p$$

と表されます．また，分散は，

$$V(X) = E(X^2) - E(X)^2 = 1^2 \times p + 0^2 \times (1-p) - p^2 = p(1-p)$$

となります．

1　ヤコブ・ベルヌーイ（Jacob Bernoulli）は，17 世紀から 18 世紀にかけてヨーロッパで活躍したベルヌーイ一族の一人で，微積分に関する多くの業績を残しました．とりわけ最も重要な業績は確率論で，大数の法則といわれる問題を解決し，ベルヌーイ分布として知られる法則を発見しました．また，数学や科学で頻繁に用いられる有名な定数 e（ネイピア数と呼ばれる自然対数の底）も発見しました．

5.2 二項分布

　成功か失敗のように，二つのうち一つしか起こらない試行（ベルヌーイ試行）をそれぞれ独立に n 回繰り返したとき，成功回数 X は二項確率変数となり，その分布は二項分布に従います．例えば，コインを3回投げたときに表が出る回数を確率変数 X とします．ここで，成功（表が出る）確率は0.5です．したがって，X は試行回数 $n=3$，成功確率 $p=0.5$ の二項分布に従います．

　試行回数 $n=3$ の場合の成功回数 X について考えます．図5.1は，成功と失敗の経路，そして最終的な成功回数を示しています．例えば，3回中2回成功する経路は，成功を S，失敗を F とすると，次の3通りがあります．

$$SSF, SFS, FSS$$

各試行は互いに独立していると考えられるため，最初に2回連続で成功し，最後に失敗する経路 SSF の確率は次のように計算されます．

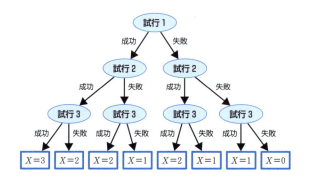

図5.1　試行回数3回の成功回数

$$P(SSF) = p \times p \times (1-p) = p^2(1-p)$$

他の経路 SFS および FSS の確率も同様に計算されます.

$$P(SFS) = P(FSS) = p^2(1-p)$$

したがって,3回中2回成功する確率は次のように計算されます.

$$P(X=2) = P(SSF) + P(SFS) + P(FSS) = 3p^2(1-p)$$

他の成功回数の確率も同様に次のように計算できます.

$$P(X=0) = P(FFF) = (1-p)^3$$
$$P(X=1) = P(SFF) + P(FSF) + P(FFS) = 3p(1-p)^2$$
$$P(X=3) = P(SSS) = p^3$$

ここで,すべての確率を足すと1となり,確率の公理を満たすことがわかります[2].

5.2.1 二項分布の定義

二項分布は,成功確率を p,失敗確率を $1-p$ としたベルヌーイ試行をそ

---

2 次のように計算できます.

$$P(X=0) + P(X=1) + P(X=2) + P(X=3)$$
$$= (1-p)^3 + 3p(1-p)^2 + 3p^2(1-p) + p^3$$
$$= (1-p)((1-p)^2 + 3p(1-p) + 3p^2) + p^3$$
$$= (1-p)(1-2p+p^2 + 3p - 3p^2 + 3p^2) + p^3$$
$$= (1-p)(1+p+p^2) + p^3$$
$$= (1-p)(1+p) + (1-p)p^2 + p^3$$
$$= 1 - p^2 + p^2 - p^3 + p^3$$
$$= 1$$

れぞれ独立に n 回繰り返すとき，n 回の試行中に x 回成功する確率を表します．この確率は，以下の式で求められます．

$$P(X=x) = \binom{n}{x} p^x(1-p)^{n-x} = \frac{n!}{x!(n-x)!} p^x(1-p)^{n-x}$$

ここで，x は 0 から n までの自然数（$x=0, 1, 2, \cdots, n$）で，$\binom{n}{x}$ は n 個から x 個を選ぶ組合せの数を表します．また，$n!$ は n の階乗と呼ばれ，1 から n までの自然数の積（$n!=1\times2\times\cdots\times n$）を意味します[3]．導出方法については 5.5 節の補論を参照してください．

二項分布は，試行回数 n と成功確率 p によってその形が完全に決まります．n と p をこの確率分布を特徴づける母数（パラメータ）と呼びます．確率変数 X が二項分布に従うことを，$X \sim B(n, p)$ と表記します．ここで，B は Binomial（二項）の頭文字であり，「$\sim$」は「従う」という意味です．

5.2.2　二項分布の性質

二項確率変数 X は，ベルヌーイ試行を n 回繰り返したときの成功回数なので，相互に独立なベルヌーイ確率変数の和と考えることができます．$X_1, X_2, \cdots, X_n$ を相互に独立なベルヌーイ確率変数とし，$P(X_i=1)=p$，$P(X_i=0)=1-p$ とします．このとき，n 個のベルヌーイ確率変数の和は二項確率変数になります．つまり，

$$X = X_1 + X_2 + \cdots + X_n \sim B(n, p)$$

です．

例えば，X_i を i 回目にコインを投げて表なら 1，裏なら 0 となるベルヌーイ確率変数とします．このとき，コインを 3 回投げて表が出る回数を X とすると，$X = X_1 + X_2 + X_3 \sim B(3, 0.5)$ となります．

3　0 の階乗は $0!=1$ となります．

5.2　二項分布　89

二項確率変数 X は相互に独立なベルヌーイ確率変数 X_i の和です．第 4 章で学んだように，「確率変数の和の期待値は，それぞれの期待値の和に等しい」ので，X の期待値は次のように計算されます．

$$
\begin{aligned}
E(X) &= E(X_1 + X_2 + \cdots + X_n) \\
&= E(X_1) + E(X_2) + \cdots + E(X_n) \\
&= p + p + \cdots + p \\
&= np
\end{aligned}
$$

また，「相互に独立な確率変数の和の分散は，それぞれの分散の和に等しい」ので，二項確率変数 X の分散は以下の通りです．

$$
\begin{aligned}
V(X) &= V(X_1 + X_2 + \cdots + X_n) \\
&= V(X_1) + V(X_2) + \cdots + V(X_n) \\
&= p(1-p) + p(1-p) + \cdots + p(1-p) \\
&= np(1-p)
\end{aligned}
$$

例：サイコロを 3 回振る

サイコロを振って 5 以上の目（つまり，5 または 6）が出たら「成功」とします．成功する確率は，5 が出る確率 $\frac{1}{6}$ と 6 が出る確率 $\frac{1}{6}$ を合計した $p = \frac{1}{3}$ です．サイコロを 3 回振ったとき，成功する回数を確率変数 X とすると，X は二項分布に従い，$X \sim B(3, \frac{1}{3})$ となります．つまり，3 回中 x 回成功する確率は次のように求められます．

$$
P(X = x) = \binom{3}{x} \left(\frac{1}{3}\right)^x \left(\frac{2}{3}\right)^{3-x}
$$

これは，3 回のうち x 回成功し，残り $3-x$ 回は失敗する確率です．

具体的に，サイコロを 3 回振ったときに成功する回数 x がそれぞれ 0 回，1 回，2 回，3 回である確率は次のように計算されます[4]．

90　第 5 章　確率分布

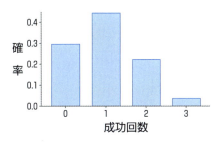

図 5.2　二項分布 $B(3, \frac{1}{3})$

$$P(X=0) = \left(\frac{2}{3}\right)^3 = \frac{8}{27} \quad \text{(成功が 0 回の確率)}$$
$$P(X=1) = 3 \times \frac{1}{3} \times \left(\frac{2}{3}\right)^2 = \frac{12}{27} = \frac{4}{9} \quad \text{(成功が 1 回の確率)}$$
$$P(X=2) = 3 \times \left(\frac{1}{3}\right)^2 \times \frac{2}{3} = \frac{6}{27} = \frac{2}{9} \quad \text{(成功が 2 回の確率)}$$
$$P(X=3) = \left(\frac{1}{3}\right)^3 = \frac{1}{27} \quad \text{(成功が 3 回の確率)}$$

図 5.2 は，この二項分布のグラフです．各バーの高さは，対応する成功回数の確率を表しています．

また，この二項確率変数 X の期待値と分散は次のように求められます．

$$E(X) = np = 3 \times \frac{1}{3} = 1, \quad V(X) = np(1-p) = 3 \times \frac{1}{3} \times \frac{2}{3} = \frac{2}{3}$$

4　現代では，計算にはソフトウェアを使うことが一般的です．例えば，Excel では関数「BINOM.DIST(成功回数, 試行回数, 成功確率, 関数形式)」を使用して二項確率を簡単に計算できます．具体的には，成功確率 $\frac{1}{3}$ で 3 回中 1 回だけ成功する確率 $P(X=1)$ は，「=BINOM.DIST(1, 3, 1/3, FALSE)」と入力して計算できます．関数形式を「FALSE」ではなく「TRUE」にすると，成功回数が 1 回以下である確率 $P(X \leqq 1)$ が計算されます．

期待値は，長期的に見た成功の平均回数を表し，分散は成功回数のばらつきの程度を表します．

5.3 正規分布

多くの変数の分布，例えば身長，試験の成績，株価収益率などは，平均の近くに多くの値が集まり，平均から離れるほど観測される頻度が少なくなるという特徴を持ちます．このようなデータの分布の形状は，平均を中心として左右対称の釣鐘型をしており，正規分布と呼ばれます．正規分布は多くの自然現象や社会現象において観測される「ふつうの分布」と考えられています．

正規分布に従う確率変数 X は，連続確率変数であり，$-\infty$ から ∞ までの範囲の値を取ります．多くの場合，正規確率変数 X の期待値を μ（ミュー），分散を σ^2（シグマ2乗）と表します．正規分布はこれら二つの母数，μ と σ^2 によってその形状が完全に決定され，確率変数 X が正規分布に従うことを，$X \sim N(\mu, \sigma^2)$ のように表記します．ここで，N は Normal（正規）の頭文字を表します．

5.3.1 正規分布の特性

図 5.3 は，期待値と分散が異なる三つの正規分布を示しています．正規分布は，その特徴的な形状から「釣鐘型の分布」とも呼ばれ，左右対称の山型の形をしています．この分布の位置と形は，期待値 μ と分散 σ^2 によって決まります．

正規分布は，期待値 μ を中心に左右対称です．これは，期待値から同じ距離にある値が等しい確率で発生することを意味し，期待値 μ は分布の最も発生しやすい点，つまり分布の頂点を示します．

92 第5章 確率分布

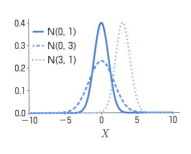

図5.3 3つの正規分布

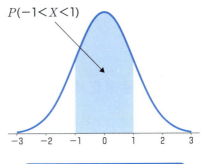

図5.4 連続確率変数の確率

また，正規分布の広がり（ばらつき）は，分散 σ^2 によって決まります．分散 σ^2 が大きいほど分布は広がり，期待値から遠く離れた値が出やすくなります．一方，分散が小さい場合は，分布は狭くなり，期待値 μ の周りに集中します．

一般に，連続確率分布の形状を示す曲線を確率密度関数と呼び，その高さを確率密度と呼びます．確率密度が高いほど，その周辺の値が生じる確率が高くなります．連続確率変数がある範囲に入る確率は，その範囲における確率密度関数の下の面積として計算されます．図5.4 の水色の領域の面積は，連続確率変数 X が -1 から $+1$ の範囲に入る確率を表しています．連続確率変数の場合，確率は面積として計算されるので，例えば $P(X=1)$ のように1点を取る確率は0となります．

確率密度関数の下の面積の合計は1です．これは，すべての可能な結果の確率の合計が100% であることを意味します．分布の形状が変化しても，この総和は変わりません．分布が期待値の周りに集中している場合，頂点は高くなりますが，分布が広がると頂点は低くなります．例えば，図5.3 の $N(0,1)$ と $N(0,3)$ を比較してみてください．

正規分布は多くの自然現象や社会科学のデータに見られるため，統計学

で広く応用されています．例えば，テストの成績，身長の分布，株価の変化率，製造プロセスにおける品質管理など，多岐にわたる現象が正規分布を用いて分析されています．

5.3.2 標準正規分布

標準正規分布は，統計学において非常に重要な役割を果たします．これは，期待値が0，分散が1の正規確率変数の分布であり，標準正規分布に従う確率変数は標準正規確率変数と呼ばれます．標準正規確率変数はZと表記されることが多く，この分布は$Z \sim N(0, 1)$と表されます．

図5.5は，標準正規確率変数Zがある値zより小さくなる確率$P(Z<z)$を示しています．表5.1には，異なるzの値について$P(Z<z)$の値がまとめられています．これは標準正規分布表と呼ばれ，標準正規分布における確率を計算するために使用します．ここで，連続確率変数Zが特定の一点の値を取る確率は0であるため，$P(Z<z) = P(Z \leq z)$となり，等号の有無が確率計算に影響しないことに注意してください．

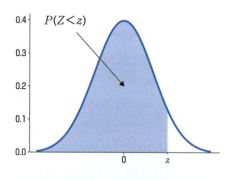

図5.5　標準正規分布 $N(0, 1)$ の確率

表5.1　標準正規分布表

z	0.00	0.01	0.02	0.03	0.04	0.05	0.06	0.07	0.08	0.09
0.0	0.5000	0.5040	0.5080	0.5120	0.5160	0.5199	0.5239	0.5279	0.5319	0.5359
0.1	0.5398	0.5438	0.5478	0.5517	0.5557	0.5596	0.5636	0.5675	0.5714	0.5753
0.2	0.5793	0.5832	0.5871	0.5910	0.5948	0.5987	0.6026	0.6064	0.6103	0.6141
0.3	0.6179	0.6217	0.6255	0.6293	0.6331	0.6368	0.6406	0.6443	0.6480	0.6517
0.4	0.6554	0.6591	0.6628	0.6664	0.6700	0.6736	0.6772	0.6808	0.6844	0.6879
0.5	0.6915	0.6950	0.6985	0.7019	0.7054	0.7088	0.7123	0.7157	0.7190	0.7224
0.6	0.7257	0.7291	0.7324	0.7357	0.7389	0.7422	0.7454	0.7486	0.7517	0.7549
0.7	0.7580	0.7611	0.7642	0.7673	0.7704	0.7734	0.7764	0.7794	0.7823	0.7852
0.8	0.7881	0.7910	0.7939	0.7967	0.7995	0.8023	0.8051	0.8078	0.8106	0.8133
0.9	0.8159	0.8186	0.8212	0.8238	0.8264	0.8289	0.8315	0.8340	0.8365	0.8389
1.0	0.8413	0.8438	0.8461	0.8485	0.8508	0.8531	0.8554	0.8577	0.8599	0.8621
1.1	0.8643	0.8665	0.8686	0.8708	0.8729	0.8749	0.8770	0.8790	0.8810	0.8830
1.2	0.8849	0.8869	0.8888	0.8907	0.8925	0.8944	0.8962	0.8980	0.8997	0.9015
1.3	0.9032	0.9049	0.9066	0.9082	0.9099	0.9115	0.9131	0.9147	0.9162	0.9177
1.4	0.9192	0.9207	0.9222	0.9236	0.9251	0.9265	0.9279	0.9292	0.9306	0.9319
1.5	0.9332	0.9345	0.9357	0.9370	0.9382	0.9394	0.9406	0.9418	0.9429	0.9441
1.6	0.9452	0.9463	0.9474	0.9484	0.9495	0.9505	0.9515	0.9525	0.9535	0.9545
1.7	0.9554	0.9564	0.9573	0.9582	0.9591	0.9599	0.9608	0.9616	0.9625	0.9633
1.8	0.9641	0.9649	0.9656	0.9664	0.9671	0.9678	0.9686	0.9693	0.9699	0.9706
1.9	0.9713	0.9719	0.9726	0.9732	0.9738	0.9744	0.9750	0.9756	0.9761	0.9767
2.0	0.9772	0.9778	0.9783	0.9788	0.9793	0.9798	0.9803	0.9808	0.9812	0.9817
2.1	0.9821	0.9826	0.9830	0.9834	0.9838	0.9842	0.9846	0.9850	0.9854	0.9857
2.2	0.9861	0.9864	0.9868	0.9871	0.9875	0.9878	0.9881	0.9884	0.9887	0.9890
2.3	0.9893	0.9896	0.9898	0.9901	0.9904	0.9906	0.9909	0.9911	0.9913	0.9916
2.4	0.9918	0.9920	0.9922	0.9925	0.9927	0.9929	0.9931	0.9932	0.9934	0.9936
2.5	0.9938	0.9940	0.9941	0.9943	0.9945	0.9946	0.9948	0.9949	0.9951	0.9952
2.6	0.9953	0.9955	0.9956	0.9957	0.9959	0.9960	0.9961	0.9962	0.9963	0.9964
2.7	0.9965	0.9966	0.9967	0.9968	0.9969	0.9970	0.9971	0.9972	0.9973	0.9974
2.8	0.9974	0.9975	0.9976	0.9977	0.9977	0.9978	0.9979	0.9979	0.9980	0.9981
2.9	0.9981	0.9982	0.9982	0.9983	0.9984	0.9984	0.9985	0.9985	0.9986	0.9986
3.0	0.9987	0.9987	0.9987	0.9988	0.9988	0.9989	0.9989	0.9989	0.9990	0.9990

標準正規分布表を読む際には，まず z 値の最初の 2 桁を 1 列目で探し，次に z 値の 3 桁目を 1 行目で探します．例えば，$z=1.96$ の場合，最初の 2 桁「1.9」を 1 列目で，3 桁目「0.06」を 1 行目で見つけます．これらが交差する点が求める確率で，$P(Z \leqq 1.96) = 0.9750$ となります．これは，標準正規確率変数 Z が 1.96 以下である確率が 97.5% であることを意味します．

例：標準正規分布の確率計算

標準正規分布表を用いた確率計算に慣れるため，標準正規確率変数 $Z \sim$

$N(0, 1)$ について，いくつかの確率を計算します．

(1)　$P(Z<0.5)$：分布表の 0.5 の行と 0.00 の列の交点から

$$P(Z < 0.5) = 0.6915$$

となります．

(2)　$P(Z>0.5)$：全体の確率 1 から (1) で求めた $P(Z<0.5)$ を引くことにより求めることができます．すなわち，

$$P(Z > 0.5) = 1 - P(Z < 0.5) = 1 - 0.6915 = 0.3085$$

(3)　$P(|Z|<0.5)$：$P(Z<0.5)$ から $P(Z<-0.5)$ を引くことにより求めることができます．標準正規分布は 0 を中心に対称なので，$P(Z<-0.5)=P(Z>0.5)$ となります．したがって，

$$P(Z < |0.5|) = P(Z < 0.5) - P(Z < -0.5)$$
$$= P(Z < 0.5) - P(Z > 0.5)$$
$$= 0.6915 - 0.3085 = 0.3830$$

(4)　$P(|Z|>0.5)$：全体の確率 1 から (3) で求めた $P(|Z|<0.5)$ を引くことにより求めることができます．すなわち，

$$P(|Z| > 0.5) = 1 - P(|Z| < 0.5) = 1 - 0.3830 = 0.6170$$

図 5.6 の水色の領域は，上記に対応する確率を示しています．

5.3.3　正規分布の標準化

正規分布の標準化は，期待値を引き，標準偏差で割ることにより行われます．この操作によって，任意の正規分布から標準正規分布への変換が可能となり，標準正規分布表を用いた確率計算が行えるようになります．

正規確率変数 X について $X \sim N(\mu, \sigma^2)$ であるとき，X から期待値 μ を

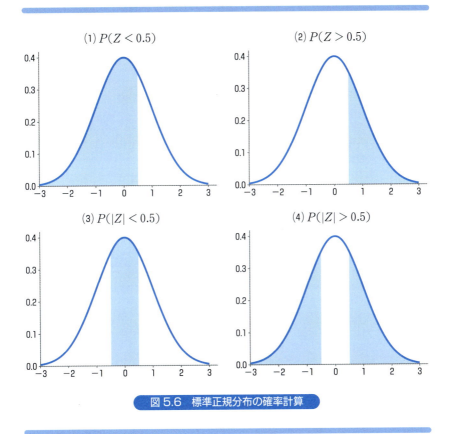

図 5.6 標準正規分布の確率計算

引き,標準偏差 σ で割ることで得られる変数 Z は標準正規分布に従います.この変換を数式で表すと,次のようになります.

$$Z = \frac{X - \mu}{\sigma} \sim N(0, 1)$$

例えば,$X \sim N(1, 5^2)$ の場合,標準化された変数は

$$Z = \frac{X - 1}{5} \sim N(0, 1)$$

5.3 正規分布

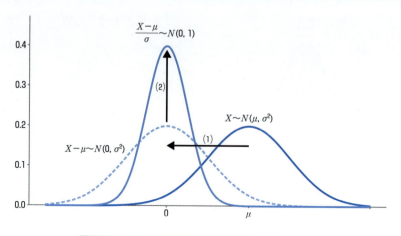

図 5.7　正規確率変数 $X \sim N(\mu, \sigma^2)$ の標準化

となります．同様に，$X \sim N(7, 15^2)$ の場合には，次のようになります．

$$Z = \frac{X-7}{15} \sim N(0, 1)$$

図 5.7 は，正規確率変数 $X \sim N(\mu, \sigma^2)$ を標準化することによる分布の変化を示しています．

(1) 期待値 μ を引くことにより，分布全体が左に μ だけシフトします．期待値は 0 になりますが，分散は変化しません．すなわち，$X-\mu \sim N(0, \sigma^2)$ となります．図では，μ が正であることを仮定しています．μ が負の場合は，分布全体が右に μ だけシフトします．

(2) 期待値を引いた $X-\mu$ を標準偏差 σ で割ることにより，分布のばらつきが調整され，分散が 1 になります．すなわち，標準化後の確率変数の分布は $\frac{X-\mu}{\sigma} \sim N(0, 1)$ となります．ここで，$\sigma > 1$ の場合にはばらつきが縮小し，$\sigma < 1$ の場合にはばらつきが拡大します．図では，σ が 1 より大きいことを仮定しています．

例：標準化による確率計算

$X \sim N(1, 4)$ のとき，0 から 2 の範囲[5]に X の値が含まれる確率 $P(0 < X < 2)$ を，標準化を用いて計算します．まず，X を標準化して $Z = \dfrac{X-1}{2} \sim N(0, 1)$ に変換し，その後 Z に基づく確率を求めます．具体的な計算は次のようになります．

$$
\begin{aligned}
P(0 < X < 2) &= P\left(\frac{0-1}{2} < \frac{X-1}{2} < \frac{2-1}{2}\right) \\
&= P(-0.5 < Z < 0.5) \\
&= P(|Z| < 0.5) \\
&= 0.3830
\end{aligned}
$$

したがって，0 から 2 の範囲に X が含まれる確率は 38.30% となります．

5.4 中心極限定理

相互に独立な n 個の確率変数 $X_1, X_2, \cdots, X_n$ があり，各確率変数の期待値が μ で分散が σ^2 とします．このとき，n が十分に大きければ，$X_1, X_2, \cdots, X_n$ の和や平均は正規分布で近似することができます．具体的には，確率変数の和 $X_1 + X_2 + \cdots + X_n$ は近似的に $N(n\mu, n\sigma^2)$ に従い，平均 $\bar{X}$ は $N(\mu, \dfrac{\sigma^2}{n})$ に近似的に従います．これを中心極限定理と言います．

中心極限定理は，確率変数 X_i のもとの分布がどのような形状でも構いません．もとの分布が左右対称である場合，n は比較的小さくても近似に十分です．しかし，もとの分布が大きく歪んでいる場合には，より大きな n が必要になります．目安として，n が 30 程度あれば，多くの場合で確率変数の

5　連続確率変数は 1 点を取る確率が 0 であるため，下限 0 や上限 2 を含むかどうかは確率に影響しません．

和や平均は正規分布で近似できるとされています．

5.4.1　二項分布と正規分布の関係

　5.2 節で説明したように，二項確率変数は n 個の独立したベルヌーイ確率変数の和です．ここで，n が十分に大きければ，中心極限定理によってその分布は正規分布で近似できます．例えば，X_i が 1 を取る確率が 0.4 である二項確率変数を考えます．図 5.8 は，試行回数 $n=20$ の場合の二項分布を表しています．二項分布はほぼ左右対称で，正規分布にかなり近い形状になります．二項分布の計算は，特に n が大きい場合には難しくなりますが，n が十分に大きい場合には標準正規分布表を用いて容易に計算することができます．

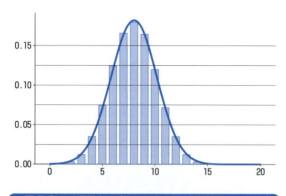

図 5.8　二項分布 $B(20, 0.4)$ と正規分布 $N(8, 4.8)$

5.4.2 二項分布の正規近似

　具体的に，どのような正規分布で近似できるかを見ていきましょう．二項確率変数の期待値は np，分散は $np(1-p)$ です．n が十分に大きい場合，中心極限定理により二項分布 $B(n, p)$ は正規分布 $N(np, np(1-p))$ で近似することができます．例えば，$n=20$，$p=0.4$ の場合，期待値 $np=8$，分散 $np(1-p)=4.8$ となり，図 5.8 のように二項分布 $B(20, 0.4)$ を正規分布 $N(8, 4.8)$ で近似することができます．近似の目安として，np と $n(1-p)$ の両方が 10 以上であることが挙げられます．したがって，p が 0 または 1 に近い場合は，より大きな n が必要です．

　図 5.9 は，$p=0.1, 0.3, 0.5, 0.7, 0.9$ の各値に対する $n=10, 25, 50, 100$ の二項分布 $B(n, p)$ と正規分布 $N(np, np(1-p))$ の形状を示しています．分布が左右対称（$p=0.5$）に比較的近い場合，$n=25$ でも二項分布は正規分布によって十分に近似できます．一方で，分布が大きく偏っている場合（$p=0.1$ または $p=0.9$），$n=50$ でも正規分布による近似は不十分です．

5.4.3 正規近似による確率の計算

　二項分布における確率を P_B，正規分布における確率を P_N と表し，正規分布を用いて二項分布における確率を近似する方法を説明します．n 回のうち x 回成功する確率は，成功確率 p に基づく二項分布の確率として

$$P_B(X=x) = \binom{n}{x} p^x (1-p)^{n-x}$$

のように計算できます（式の詳細は 5.5 節の補論を参照してください）．試行回数 n が十分に大きい場合，この確率は，X が正規分布 $N(np, np(1-p))$ に従う場合の確率

$$P_N(x-0.5 < X < x+0.5)$$

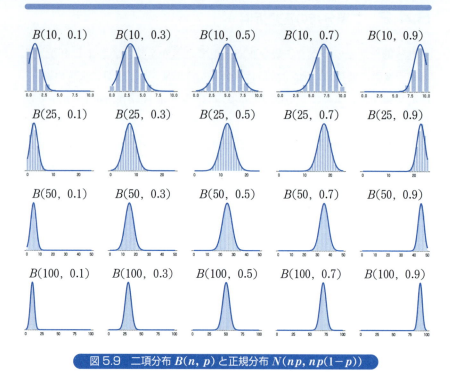

図5.9　二項分布 $B(n, p)$ と正規分布 $N(np, np(1-p))$

で近似することが可能です．正規分布では1点を取る確率が0であるため，x を中心に ±0.5 の幅を持たせて調整し，その範囲に入る確率を計算します．この修正を**連続性補正**と呼びます．同様に，二項分布の累積確率 $P_B(X \leqq x)$ は，正規分布における $P_N(X < x+0.5)$ で近似でき，$P_B(X \geqq x)$ は $P_N(X > x-0.5)$ で近似することができます．二項分布の計算は，特に n が大きい場合には難しくなりますが，n が十分に大きい場合には標準正規分布表を用いて容易に計算することができます．

例：二項分布と正規分布による確率の計算

歪みのないコインを 40 回投げる場合，表が出る回数 X は二項分布 $B(40, 0.5)$ に従います．したがって，$X = 15$ となる確率は二項分布の公式を用いて次のように計算できます[6]．

$$P_B(X = 15) = \frac{40!}{15!(40-15)!} \left(\frac{1}{2}\right)^{15} \left(\frac{1}{2}\right)^{40-15} \approx 0.0366$$

X の期待値と分散は

$$E[X] = 40 \times 0.5 = 20, \quad V(X) = 40 \times 0.5 \times 0.5 = 10$$

です．これに基づき，二項分布 $B(40, 0.5)$ は正規分布 $N(20, 10)$ で近似することができます．$X = 5$ となる確率は，標準化を行い，標準正規分布表を用いて以下のように近似できます．

$$\begin{aligned}
P_B(X = 15) &\approx P_N(14.5 < X < 15.5) \\
&= P_N\left(\frac{14.5 - 10}{\sqrt{10}} < Z < \frac{15.5 - 10}{\sqrt{10}}\right) \\
&\approx P_N(-1.74 < Z < -1.42) \\
&= P_N(Z < -1.42) - P(Z < -1.74) \\
&= (1 - 0.9222) - (1 - 0.9591) \\
&= 0.0369
\end{aligned}$$

以上から，二項分布の公式を用いると，ちょうど 15 回表が出る確率は約 0.0366 であり，正規分布による近似を用いると，この確率は約 0.0369 となります．このように，正規分布による近似は，n が大きい場合に計算を簡略化したいときに有用です．

---

6 例えば，Excel で「=BINOM.DIST(15, 40, 0.5, FALSE)」と入力して計算できます．詳細は 5.2 節の脚注 4 を参照してください．

5.5 補　論

5.5.1　二項分布の導出

　ベルヌーイ試行を n 回繰り返し，x 回連続で成功した後に $n-x$ 回連続で失敗する事象の確率を考えます．成功を S，失敗を F とすると，この事象は $SS\cdots SFF\cdots F$ と表すことができます．成功 S の確率を p，失敗 F の確率を $1-p$ とします．それぞれのベルヌーイ試行は独立であるため，この事象の同時確率は，それぞれの確率の積として次のように計算されます．

$$\underbrace{p\times p\times\cdots\times p}_{x\,個}\times\underbrace{(1-p)\times(1-p)\times\cdots\times(1-p)}_{n-x\,個}=p^x(1-p)^{n-x}$$

　n 回の試行で x 回成功し，$n-x$ 回失敗する条件を満たす事象の順序は，成功 S と失敗 F の配置によって様々なものが存在します．例えば，$n-x$ 回連続で失敗した後に x 回連続で成功する事象は $FF\cdots FSS\cdots S$ となります．

　ここで重要なのは，n 回中 x 回成功する確率を計算するとき，x 個の S は区別しないということです．したがって，条件を満たす事象の総数は「n 個から x 個を選ぶ組合せ」の数に等しく，この数は次のように計算されます．

$$\binom{n}{x}=\frac{n!}{x!(n-x)!}$$

それぞれの組合せの確率がすべて $p^x(1-p)^{n-x}$ であるため，n 回の試行で x 回成功し，$n-x$ 回失敗する確率は以下のようになります．

$$P(X=x)=\binom{n}{x}p^x(1-p)^{n-x}=\frac{n!}{x!(n-x)!}p^x(1-p)^{n-x}$$

5.5.2　二項分布の確率の合計は 1

二項定理により，次の関係が成り立ちます．

$$(a+b)^n = \binom{n}{0}a^n b^0 + \binom{n}{1}a^{n-1}b^1 + \binom{n}{2}a^{n-2}b^2 + \cdots + \binom{n}{n}a^0 b^n$$
$$= \sum_{x=0}^{n} \binom{n}{x}a^{n-x}b^x$$

ここで，$a = 1-p$，$b = p$ とした場合，二項分布で x の取りうる値すべての確率の合計を計算できます．

$$\sum_{x=0}^{n} P(X=x) = \sum_{x=0}^{n} \binom{n}{x}p^x (1-p)^{n-x} = (p+(1-p))^n = 1^n = 1$$

演 習 問 題

演習 1　確率分布とは何か，説明してください．

演習 2　二項分布の定義を述べ，その特徴を説明してください．

演習 3　正規分布が統計学でよく使用される理由を述べてください．

演習 4　標準正規分布と正規分布の違いは何ですか？

演習 5　二項分布と正規分布の関係について説明してください．

演習 6　正答率が 70% の問題が 10 問出題されるテストがあります．このテスト
で 7 問正解する確率を求めてください．

演習 7　ある工場では，不良品が出る確率が 2% です．この工場で 100 個の製品
を製造したとき，3 個以上の不良品が出る確率を求めてください．

演習 8　正規分布 $N(100, 25)$ に従う確率変数が 120 以下になる確率を求めてく
ださい．

演習 9　サイコロを 10 回投げたとき，5 または 6 が出る回数が 3 回以下になる確
率を求めてください．

第6章

推　　定

　推測統計を学ぶ前に，まずは統計学の概要（図6.1）を復習しておきましょう．統計学は，データを通して母集団の性質を解明する学問です．母集団とは，研究対象となるすべての個体や要素の集合を指します．例えば，日本全体の国民や関東地域のすべての世帯が該当します．

　しかし，母集団全体を直接調査することは非常に困難です．そのため，母集団の一部を無作為に抽出したデータを用いて分析を行います．この抽出されたデータの集まりを標本と呼び，標本に含まれるデータの数をサンプルサイズと言います．

　統計学は，大きく分けて記述統計と推測統計の二つに分類されます．記述統計は，データを要約し，理解しやすく整理する方法を提供します．一方，推測統計は，標本から母集団の特性を推測する手法を指します．

　推測統計では，母集団から無作為抽出されたデータを確率変数として扱い，これに基づいて母集団の性質を推定します．推定の目的は，母集団の特性（例えば平均や分散など）を明らかにすることです．

　母集団の分布が既知であれば，特定の確率分布に基づいてデータを分析できます．例えば，離散確率分布の二項分布や，連続確率分布の正規分布がよく利用されます．

　一方，母集団の分布が未知の場合でも，中心極限定理により，サンプルサイズが大きければ標本平均の分布は正規分布に近づくことが期待できます．これにより，サンプルサイズが大きい場合は，正規分布を用い

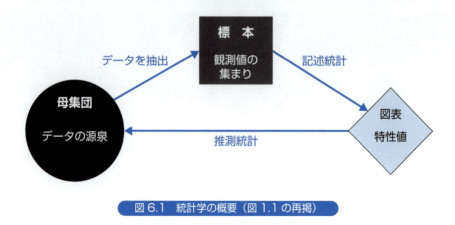

図 6.1　統計学の概要（図 1.1 の再掲）

て標本平均の性質を考えることができます．

　本章では，推定の基本を学び，特にサンプルサイズが大きい場合における正規分布に基づいた推定手法を習得します．まず，推定の基本概念を習得し，その後に推定量の性質や信頼区間の計算方法について学びます．また，実際のデータを用いた例として，週間売上データの分析を行い，推定手法の適用方法を確認します．

6.1 推定とは

推測統計の目的は，標本データから母集団の特性を推測することにあります．母集団の性質を示す特性値は母数と呼ばれ，一般的にギリシャ文字の θ（シータ）で表されます．具体的には母集団の割合，平均，分散などが母数に該当し，これらはそれぞれ母割合，母平均，母分散と呼ばれ，p，μ，σ^2 と表されることが通例です．

母数 θ を一つの値で推定することを点推定と呼びます．例えば，ある政党が，選挙における支持率を測定したいと考えます．1,000 人の有権者に対する調査で 450 人が支持を表明した場合，このデータから支持率を 45% のように単一の値として推定します．点推定には，推定結果が具体的で直感的に理解しやすいという利点があります．

しかし，推定結果は使用するデータに依存し，その値が高くも低くもなりえます．例えば，別の 1,000 人に支持率調査を行った結果，支持を表明したのが 400 人だった場合，支持率の点推定として 40% が得られます．このように推定結果がデータごとに変動する現象を標本変動と呼びます．標本変動を考慮し，母数 θ が含まれると考えられる範囲を推定する方法を区間推定と呼びます．

例：内閣支持率の推定

新聞社などのメディアは，有権者（母集団）の一部から得たデータをもとに支持率を計算し，それを真の内閣支持率の推定値として公表します．しかし，同日に行われた調査でも，各社によって支持率は異なることがあります．例えば，2023 年 11 月の岸田内閣の支持率は，読売新聞で 24%，朝日新聞で 25%，産経新聞で 27.8%，NHK で 29%，共同通信で 28.3% と報告されました[1]．このように，母集団は同じであっても，そこから得られた一部のデータ（標本）は同一ではないため，推定結果は異なります．したがっ

て，内閣支持率は「24% から 29% の間に収まる」という区間で表現することで，標本変動を含めたより正確な情報を伝えることが可能です．

6.1.1 基本概念

母集団から無作為抽出された標本は確率変数として捉えられます．これにより，母集団の性質を推定し，確率的評価を行うことが可能になります．母集団から無作為に n 個の標本を抽出し，これらを $X_1, X_2, \cdots, X_n$ と表すことにします．抽出された標本の実現値はそれぞれ $x_1, x_2, \cdots, x_n$ です．

無作為抽出される標本 $(X_1, X_2, \cdots, X_n)$ の性質は，以下のようにまとめられます．

(1) **確率変数である**：抽出される各点 X_i は確率変数として扱われます．これにより，統計的な分析が可能となります．

(2) **相互に独立である**：各 X_i は，他の X_j（$i \neq j$）に影響されずに独立しています．これは無作為抽出による基本的な性質です．

(3) **同一の分布に従う**：すべての X_i は，同じ母集団から抽出されるため，同じ分布に従います．

(3)については，実際には母集団分布は明らかではないことが多く，無作為抽出される確率変数の具体的な分布を直接は知ることができません．しかし，同じ母集団から抽出されるという事実から，「すべての X_i は同じ期待値 μ と分散 σ^2 を持つ」と考えることができます．

したがって，中心極限定理から，n が十分大きい場合には，無作為抽出される標本 $X_1, X_2, \cdots, X_n$ の和や平均は，正規分布で近似できます．これにより，大きなサンプルサイズを持つ場合に，統計的推測が容易になります．

---

1 出所：https://www.nikkei.com/article/DGXZQOUA1936K0Z11C23A1000000/

例：内閣支持率

　日本の有権者全体を母集団とし，無作為抽出された標本から内閣支持率を分析します．内閣を支持している場合を 1，していない場合を 0 とします．このとき，ある有権者が内閣を支持しているかどうかを表す確率変数は，母集団の内閣支持率 p を確率とするベルヌーイ分布に従います．

　母集団から無作為抽出される 1 人目について，内閣支持かどうか観測される結果を X_1 とし，抽出後の実現値を x_1 とします．母集団の内閣支持率は p であるため，そこから無作為抽出された X_1 は p の確率で 1（支持）となり，$1-p$ の確率で 0（不支持）となります．すなわち，X_1 は母集団の内閣支持率 p を確率とするベルヌーイ分布に従います．無作為抽出の性質上，どの人も選ばれる確率は等しく，2 人目についても X_2 は p を確率とするベルヌーイ分布に従います．また，X_1 と X_2 は相互に独立であり，1 人目がどのような値であっても，2 人目の値には影響しません．これは 3 人目以降についても同様であり，$X_1, X_2, \cdots, X_n$ は互いに独立に，母集団の内閣支持率 p を確率とするベルヌーイ分布に従います．

6.1.2　推定量と推定値

　統計量は，母集団から抽出されたデータ $X_1, X_2, \cdots, X_n$ に基づいて定義される任意の関数です．例えば，平均の計算式

$$\bar{X} = \frac{1}{n}(X_1 + X_2 + \cdots + X_n)$$

は統計量の一つで，標本平均と呼ばれます．また，抽出後のデータの実現値 $x_1, x_2, \cdots, x_n$ を上記の統計量の式に代入して得られた値を統計値と呼びます．例えば，実現値が $\{1, 2, 3, 4, 5\}$ のとき，標本平均の統計値は

$$\bar{x} = \frac{1}{5}(1+2+3+4+5) = 3$$

となります．

母数 θ を推定するための統計量を推定量と呼び，母数 θ の推定量を $\hat{\theta}$（シータ・ハットと読む）と表します．確率変数 $X_1, X_2, \cdots, X_n$ の関数である推定量 $\hat{\theta}$ もまた確率変数であり，その実現値は確率分布に従って変動します．標本からつくられる推定量（より一般的には統計量）の確率変数としての性質を特徴づけている分布のことを標本分布と呼びます．推定値は，データ抽出後に実現値 $x_1, \cdots, x_n$ を推定量に代入して得られる値です．実現値は確率変数ではないため，推定値も確率変数ではありません．

例えば，標本平均は母平均 μ の推定量になります．

$$\hat{\theta} = \frac{X_1 + X_2 + \cdots + X_n}{n}$$

実現値をこの式に代入して得られた値は μ の推定値になります．

$$\hat{\theta} = \frac{x_1 + x_2 + \cdots + x_n}{n}$$

推定量 $\hat{\theta}$ は確率変数であるため，その実現値は実際の母数 θ からずれることがあります．この推定量のばらつきの度合いを示す指標として，推定量 $\hat{\theta}$ の分散や標準偏差があります．特に，推定量の標準偏差は標準誤差と呼ばれ，推定の精度を評価する際に重要な役割を果たします．

6.2　推定量の優劣を判断する基準

母数 θ を推定する推定量 $\hat{\theta}$ はいくつも存在します．例えば，母平均を推定する場合，平均や加重平均などが推定量として考えられます．どの推定量を用いるべきかを判断するためには，推定量の優劣を判断する基準が必要です．以下では，代表的な四つの基準を紹介します．

112　第6章　推　定

6.2.1 不偏性

推定量 $\hat{\theta}$ の期待値が母数 θ に等しい，すなわち，$E(\hat{\theta})=\theta$ が成り立つとき，$\hat{\theta}$ は**不偏性**を持つと言います．これは，推定量が平均的に見て，真の母数を正確に反映することを意味します．不偏性を持つ推定量を**不偏推定量**と呼びます．推定量が不偏性を満たさない場合，$E(\hat{\theta})$ と θ との差を**バイアス**（偏り）と呼びます．

図 6.2 は，推定量の分布と母数の関係に基づくバイアスの有無を示しています．

(1) 推定量の期待値 $E(\hat{\theta})$ が母数 θ に等しい場合，推定量 $\hat{\theta}$ はバイアスのない不偏推定量です．

(2) 推定量の期待値 $E(\hat{\theta})$ が母数 θ より大きい場合，$E(\hat{\theta})-\theta>0$ となり，推定量 $\hat{\theta}$ には正のバイアスがあります．

(3) 推定量の期待値 $E(\hat{\theta})$ が母数 θ より小さい場合，$E(\hat{\theta})-\theta<0$ となり，推定量 $\hat{\theta}$ には負のバイアスがあります．

6.1.2 節で説明したように，推定量は確率変数であり，その実現値（推定

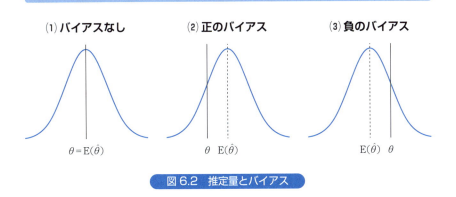

図 6.2　推定量とバイアス

値）は確率分布に従って変動します．例えば，内閣支持率 p を推定するために，複数のメディアがそれぞれ 1,000 人に調査を行ったとします．この場合，1 社目の調査では内閣支持率が 29％，2 社目では 25％，3 社目では 24％といった具合に，それぞれ異なる推定値が得られると考えられます．すなわち，仮に 100 社が調査を行った場合，同じ内閣支持率 p に対して 100 個の推定値が得られます．これら 100 個の推定値のヒストグラムは，推定量 $\hat{p}$ の分布（標本分布）を近似したものであり，その平均値は $\hat{p}$ の期待値に近いものと考えられます．

図 6.3 は，このような母集団，標本，推定値，および標本分布の関係を示しています．このように，同じ母集団から異なる標本を無作為に抽出したとき，それぞれの推定値の平均値が推定量の期待値を近似したものと考えられます．この期待値が母数に等しい場合，推定量は不偏推定量となります．

6.2.2 一致性

サンプルサイズ n が無限大に近づくにつれて，推定量 $\hat{\theta}$ が真の母数 θ に確率的に収束する場合，一致性があると言います[2]．一致性を持つ推定量は，一致推定量と呼ばれ，サンプルサイズが大きくなるほど真の母数に近づいていきます．

図 6.4 では，二つの一致推定量が示されています．

(1) 分布の中心（期待値）が母数 θ と等しく，推定量は不偏性を満たしています．サンプルサイズ n が大きくなるにつれて，推定量のばらつきは小さくなり，最終的に n が無限に大きくなると推定量は母数に一致します．

(2) 分布の中心（期待値）が母数 θ よりも大きく，推定量は正のバイア

---

2 数学的に表すと，任意の数 $\epsilon > 0$ について，以下が成り立つことを意味します．
$$\lim_{n \to \infty} P(|\hat{\theta} - \theta| < \epsilon) = 1$$

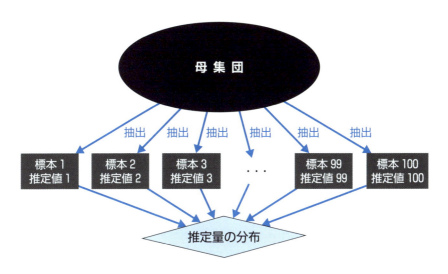

図6.3　母集団，標本，推定値，および標本分布の関係

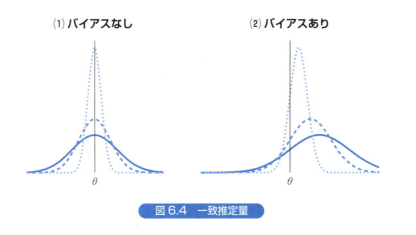

図6.4　一致推定量

スを持っています．しかし，サンプルサイズ n が大きくなるにつれて，推定量のばらつきとバイアスは共に小さくなり，最終的に n が無限に大きくなると推定量は母数に一致します．

このように，一致推定量は不偏性を持つ場合と持たない場合があります．

6.2.3 有 効 性

　上記の不偏性と一致性は，個々の推定量の性質を表します．一方で，有効性は，複数の不偏推定量を比較した際に，より分散が小さい推定量を指します．不偏推定量の中で分散が最も小さい推定量が最も有効であり，同じサンプルサイズでより正確な推定が可能であることを意味します．

　図 6.5 (1) では，分散が異なる二つの不偏推定量 $\hat{\theta}_1$ と $\hat{\theta}_2$ が示されています．この場合，$\hat{\theta}_1$ の分散が $\hat{\theta}_2$ の分散よりも小さいため，

$$\mathrm{Var}(\hat{\theta}_1) < \mathrm{Var}(\hat{\theta}_2)$$

が成立します．すなわち，$\hat{\theta}_1$ は $\hat{\theta}_2$ よりも有効な推定量です．

　不偏性と一致性を満たす推定量であれば，サンプルサイズが大きくなるにつれて，より有効な推定量となることが期待されます．

6.2.4 平均平方誤差

　図 6.5 (2) には，バイアスはあるが分散が小さい推定量 $\hat{\theta}_1$ と，不偏性を満たすが分散が大きい推定量 $\hat{\theta}_2$ が示されています．このような場合，どちらの推定量が望ましいかは状況に応じて異なります．平均平方誤差または MSE (mean squared error) は，推定量のバイアスと分散を両方考慮した指標であり，推定量の性能を総合的に評価することができます．

　母数 θ の推定量 $\hat{\theta}$ の MSE は次のように定義されます．

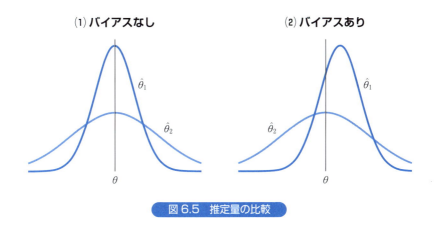

図 6.5 推定量の比較

$$MSE(\hat{\theta}) = E((\hat{\theta}-\theta)^2)$$

MSE は，推定量の分散 $V(\hat{\theta})$ とバイアス $b(\hat{\theta}) = E(\hat{\theta}) - \theta$ に分解でき，次の式が成り立ちます[3]．

$$MSE(\hat{\theta}) = V(\hat{\theta}) + b(\hat{\theta})^2$$

このように，MSE は推定量の分散とバイアスの 2 乗を足し合わせたものであり，推定量の性能を総合的に評価する指標です．MSE が小さいほど，推定量は優れたものとされ，特にバイアスが小さく分散も小さい推定量が望ま

---

3 MSE の分解は次の通りです．

$$\begin{aligned}
MSE(\hat{\theta}) &= E((\hat{\theta}-\theta)^2) \\
&= E((\hat{\theta}-E(\hat{\theta})+E(\hat{\theta})-\theta)^2) \\
&= E((\hat{\theta}-E(\hat{\theta}))^2) + E(b(\hat{\theta})^2) + 2E((\hat{\theta}-E(\hat{\theta}))b(\hat{\theta})) \\
&= V(\hat{\theta}) + b(\hat{\theta})^2 + 2(E(\hat{\theta})-E(\hat{\theta}))b(\hat{\theta}) \\
&= V(\hat{\theta}) + b(\hat{\theta})^2
\end{aligned}$$

しいとされます．推定量を比較する際，MSE を用いることで，バイアスと分散の両方を考慮した評価が可能になります．

6.3 点 推 定

母集団分布が既知の場合，推定量の分布を直接知ることが可能ですが，実際には多くの場合で母集団分布は未知です．しかし，サンプルサイズが十分大きい場合には，データの平均や和として求められる推定量の分布は，近似的に正規分布に従います．この事実は，母集団分布が未知であっても，大標本（サンプルサイズの大きいデータ）に基づく統計的推論を可能にする重要な基礎となります．

6.3.1 母割合の推定

ある新聞社が内閣支持率を推定する際に，有権者全体から無作為に選んだ n 人を対象に調査を実施する状況を考えます．ここで，真の内閣支持率を p とします．すなわち，推定したい母数 θ は p となります．

各対象者に対して，支持するか否かを尋ねた結果はベルヌーイ確率変数 X_i $(i=1, 2, \cdots, n)$ で表され，

$$
X_i = \begin{cases} 1 & \text{第 } i \text{ 人目が支持} \\ 0 & \text{第 } i \text{ 人目が不支持} \end{cases}
$$

となります．X_i は確率 p で 1（支持）となり，確率 $1-p$ で 0（不支持）となります．5.1 節から，ベルヌーイ確率変数の期待値と分散は以下の通りです．

118　第 6 章　推　定

$$E(X_i) = p, \quad V(X_i) = p(1-p)$$

母割合 p の推定量 $\hat{p}$ は，$X_1, X_2, \cdots, X_n$ の平均を利用して以下のように計算されます．

$$\hat{p} = \frac{1}{n}(X_1 + X_2 + \cdots + X_n)$$

$\hat{p}$ の期待値と分散は，それぞれ次のようになります．

$$E(\hat{p}) = p, \quad V(\hat{p}) = \frac{p(1-p)}{n}$$

したがって，不偏性が成立します．また，n が大きくなるにつれて分散が小さくなるため，一致性も満たされます．

　n が十分に大きければ，中心極限定理により $\hat{p}$ は上記の期待値と分散を持つ正規分布により近似できます．しかし，分散の計算には真の p が必要です．$\hat{p}$ は一致性を満たすことから，n が大きければ $\hat{p}$ は p を高い精度で推定できます．そこで，p の推定値 $\hat{p}$ を用いて p を近似することが可能です．すなわち，$\hat{p}$ は以下の正規分布により近似することができます．

$$\hat{p} \sim N\left(p, \frac{\hat{p}(1-\hat{p})}{n}\right)$$

これにより，n が大きければ $\hat{p}$ は p を高い精度で推定でき，母割合の推定に対する信頼性が向上することがわかります．

例：内閣支持率の調査

　真の内閣支持率が 25% であるとき，無作為抽出された $n = 1,000$ 人に支持率調査を行った場合を考えます．サンプルサイズ n が十分大きいため，中心極限定理により $\hat{p}$ の分布は以下の正規分布により近似できます．

$$\hat{p} \sim N\left(p, \frac{p(1-p)}{n}\right)$$

ここで $p = 0.25$ と $n = 1,000$ を代入することで，$\hat{p}$ の期待値と分散を計算で

きます.

$$E(\hat{p}) = 0.25, \quad V(\hat{p}) = \frac{0.25 \times (1 - 0.25)}{1,000} = 0.0001875$$

したがって，標本から計算される割合 $\hat{p}$ の期待値は 0.25，分散は 0.0001875 となります．これは，標本の割合（推定された内閣支持率）が母集団の割合（真の内閣支持率）$p = 0.25$ を中心に，分散 0.0001875 の正規分布に（近似的に）従って分布することを示しています.

6.3.2 母平均の推定

ある会社の全従業員の月間給与を母集団とし，母平均（月間給与の平均）を μ，母分散（月間給与の分散）を σ^2 とします．すなわち，母数 θ は μ と σ^2 の二つです．この母集団から無作為に選ばれる標本 $X_1, X_2, \cdots, X_n$ は互いに独立であり，どの X_i についても期待値と分散は同じです.

$$E(X_i) = \mu, \quad V(X_i) = \sigma^2$$

母平均を推定するため，標本 $X_1, X_2, \cdots, X_n$ から計算される平均（標本平均）を利用します.

$$\bar{X} = \frac{1}{n}(X_1 + X_2 + \cdots + X_n)$$

標本平均 $\bar{X}$ の期待値と分散はそれぞれ以下の通りです[4].

---

[4] ある会社の全従業員のように母集団が有限の場合は，厳密には，有限母集団補正と呼ばれる手法を適用する必要があります．具体的には，母集団のサイズを N とすると，標本平均 $\bar{X}$ の分散は次のように計算されます.

$$V(\bar{X}) = \frac{\sigma^2}{n}\left(\frac{N-n}{N-1}\right)$$

これにより，標本平均の分散が母集団の大きさに依存することを考慮できます．実際に扱うデータの場合は有限母集団であることがほとんどですが，母集団のサイズ N に比べて標本のサイズ n が小さい場合，有限母集団補正の影響は大きくありません．例えば，従業員数 $N = 100,000$ 人の企業から $n = 100$ 人を調査する場合，補正係数は次のようになります.

$$E(\bar{X}) = \mu, \quad V(\bar{X}) = \frac{\sigma^2}{n}$$

推定量 $\bar{X}$ の期待値が μ であるため，不偏性が成立します．また，n が大きくなるにつれて分散が小さくなるため，一致性も満たします．

中心極限定理により，n が十分に大きければ，$\bar{X}$ は正規分布 $N(\mu, \frac{\sigma^2}{n})$ により近似できます．仮に，母集団が正規分布に従う場合，標本平均が母平均を推定する不偏推定量の中で最も有効（分散が最小）な推定量であることが知られています．

例：月間給与の分布

母集団の平均が $\mu = 500{,}000$ 円，標準偏差が $\sigma = 50{,}000$ 円である場合に，$n = 100$ の標本から標本平均 $\bar{X}$ を計算します．中心極限定理により，n が十分大きい場合，標本平均 $\bar{X}$ の分布は次の正規分布により近似できます．

$$\bar{X} \sim N\left(\mu, \frac{\sigma^2}{n}\right)$$

与えられた $\mu = 500{,}000$，$\sigma = 50{,}000$，$n = 100$ を代入すると，標本平均 $\bar{X}$ の期待値と分散は

$$E(\bar{X}) = \mu = 500{,}000, \quad V(\bar{X}) = \frac{\sigma^2}{n} = \frac{(50{,}000)^2}{100} = 25{,}000{,}000$$

となります．よって，標本平均 $\bar{X}$ は以下の正規分布により近似できます．

$$\bar{X} \sim N(500{,}000,\ 25{,}000{,}000)$$

$$\frac{N-n}{N-1} = \frac{100{,}000 - 100}{100{,}000 - 1} = \frac{99{,}900}{99{,}999} \approx 0.999$$

このように，補正の影響は非常に小さくなります．そのため，母集団のサイズ N に比べて標本のサイズ n が十分に小さい場合，有限母集団補正を適用しなくてもほとんど問題ありません．

6.3.3　母分散の推定

　母平均の推定と同様に，ある会社の全従業員の月間給与を母集団とし，母平均（月間給与の平均）を μ，母分散（月間給与の分散）を σ^2 とします．母分散を推定するために，以下の推定量 $\hat{\sigma}^2$ を用います．

$$\hat{\sigma}^2 = \frac{(X_1 - \bar{X})^2 + (X_2 - \bar{X})^2 + \cdots + (X_n - \bar{X})^2}{n-1}$$

ここで，$\bar{X}$ は標本平均です．この推定量 $\hat{\sigma}^2$ の期待値は母分散 σ^2 に等しくなります．

$$E(\hat{\sigma}^2) = \sigma^2$$

したがって，推定量 $\hat{\sigma}^2$ は不偏分散と呼ばれます．

　詳細は割愛しますが，母集団が正規分布の場合，不偏分散 $\hat{\sigma}^2$ の分散は次のようになります．

$$V(\hat{\sigma}^2) = \frac{2\sigma^4}{n-1}$$

標本サイズ n が大きくなると，$\hat{\sigma}^2$ の分散は小さくなるため，一致性も満たされます．

例：月間給与の分散

　母平均の推定と同様に，母集団の平均月間給与が $\mu = 500{,}000$ 円，標準偏差が $\sigma = 50{,}000$ 円 である場合に，$n = 100$ の標本から不偏分散 $\hat{\sigma}^2$ を計算します．このとき，不偏分散 $\hat{\sigma}^2$ の期待値は

$$E[\hat{\sigma}^2] = \sigma^2 = (50{,}000)^2$$

となります．また，母集団が正規分布に従っていると仮定すると，不偏分散 $\hat{\sigma}^2$ の分散は次のように計算されます．

$$V(\hat{\sigma}^2) = \frac{2\sigma^4}{n-1} = \frac{2 \times (50{,}000)^4}{100-1} = \frac{12{,}500{,}000{,}000{,}000{,}000}{99}$$

6.4 区間推定

点推定では，標本から得られた推定値を一つの数値で表します．しかし，点推定には標本変動の程度を反映できないという欠点があります．例えば，10 人中 4 人がある政党を支持している場合と，100 人中 40 人が支持している場合では，点推定の結果はどちらも同じ 40% となります．この結果だけでは，推定の精度や信頼性を判断することができません．

点推定のこのような問題を解決するために，区間推定が利用されます．区間推定では，「内閣支持率は 35% から 45% の間にある」といったように，推定値を一定の範囲で示します．この区間を信頼区間と呼びます．

区間推定では，推定値の不確実性を区間の幅で表現します．区間が狭ければ狭いほど，推定値の精度が高いことを意味し，逆に区間が広ければ広いほど，推定の精度が低いことを示します．つまり，区間推定は推定値の信頼性や精度を把握する上で非常に有効な手段です．

6.4.1 母割合の区間推定

6.3.1 節と同様に，内閣支持率の推定を考えます．サンプルサイズ n が十分に大きい場合，内閣支持率の推定値 $\hat{p}$ の分布は，中心極限定理により正規分布により近似できます．具体的には，次のようになります．

$$\hat{p} = \frac{X_1 + X_2 + \cdots + X_n}{n} \sim N\left(p, \frac{p(1-p)}{n}\right)$$

標準化した $\hat{p}$ は標準正規分布に（近似的に）従います．

$$\frac{\hat{p} - p}{\sqrt{\dfrac{p(1-p)}{n}}} \sim N(0, 1)$$

標準正規分布に従う確率変数 Z について $P(-1.96 < Z < 1.96) = 0.95$ が成り立ちます．これを利用して，

$$P\left(-1.96 < \frac{\hat{p} - p}{\sqrt{\dfrac{p(1-p)}{n}}} < 1.96 \right) = 0.95$$

と表せます．これを p について解くと，

$$P\left(\hat{p} - 1.96\sqrt{\frac{p(1-p)}{n}} < p < \hat{p} + 1.96\sqrt{\frac{p(1-p)}{n}} \right) = 0.95$$

が得られます．

上記の区間

$$\left[\hat{p} - 1.96\sqrt{\frac{p(1-p)}{n}}, \ \hat{p} - 1.96\sqrt{\frac{p(1-p)}{n}} \right]$$

を，内閣支持率 p の 95% 信頼区間と言います．これは，「真の内閣支持率 p は，この区間内に 95% の確率で存在する」と解釈されます．

真の内閣支持率 p を直接計算に用いることはできませんが，$\hat{p}$ は p の一致推定量であるため，サンプルサイズ n が十分に大きければ，p を $\hat{p}$ で置き換えて計算することができます．実際には，95% 信頼区間は次のように推定されます．

124　第6章　推　定

$$\left[\hat{p} - 1.96\sqrt{\frac{\hat{p}(1-\hat{p})}{n}}, \ \hat{p} + 1.96\sqrt{\frac{\hat{p}(1-\hat{p})}{n}}\right]$$

例：テレビ視聴率

テレビ局にとって，広告収入は主要な収入源です．このため，視聴率は広告料金の交渉において極めて重要な指標となります．日本でのテレビ視聴率の調査はビデオリサーチ社によって行われており，関東地区の約 1,800 万世帯が母集団です．ビデオリサーチ社は，約 2,700 世帯を標本として選出し，これらの世帯のテレビ視聴有無を測定し，視聴率を算出しています．

ビデオリサーチ社のウェブサイトによると，視聴率調査は標本誤差を伴う標本調査であることが明記されています[5]．これは，一部の世帯から得られたデータに基づいて全体の視聴率を推定する過程で，統計上の誤差が生じる可能性があることを意味します．

具体的には，もし真の世帯視聴率が 10% だとした場合，400 世帯を対象に行った調査では，視聴率の誤差は ±3.0% となりえます．この誤差は，95% 信頼区間で用いられる 1.96 を 2 に近似して計算することにより導出されます．上記の 95% 信頼区間に $p = 0.1$，$n = 400$ を代入すると，

$$\hat{p} \pm 1.96\sqrt{\frac{p(1-p)}{n}} = \hat{p} \pm 1.96\sqrt{\frac{0.1 \times 0.9}{400}}$$

となります．1.96 を 2 に近似すると，誤差の成分は以下のように求められます．

$$2\sqrt{\frac{0.09}{400}} = 0.03$$

このように，ビデオリサーチ社の視聴率調査の誤差は，信頼区間の計算に基づいて算出されています．

5　参考：https://www.videor.co.jp/tvrating/attention/

6.4　区間推定　125

6.4.2 信頼区間の性質

信頼区間の範囲内に真の母数が入る確率を信頼度と呼びます．信頼度は次のように解釈することができます．内閣支持率の調査を 100 回実施して，毎回異なる n 人について 95% 信頼区間を計算したとします．このとき，信頼度 95% は，「100 回の調査で計算された信頼区間 100 個のうち 95 個の区間に，真の母数，すなわち，有権者全体の支持率が含まれる」ことを意味します．

信頼度が高いほど，信頼区間は広がります．例えば，母集団の割合について，信頼度 90%，95%，99% の信頼区間はそれぞれ次のようになります[6]．

$$90\% : \hat{p} \pm 1.64 \sqrt{\frac{p(1-p)}{n}}$$

$$95\% : \hat{p} \pm 1.96 \sqrt{\frac{p(1-p)}{n}}$$

$$99\% : \hat{p} \pm 2.58 \sqrt{\frac{p(1-p)}{n}}$$

信頼度が高すぎる（信頼区間が広すぎる）と，具体的な結論を引き出すことができなくなります．例えば，母集団の割合について，信頼度 100% の信頼区間「0 から 1」には真の割合が必ず含まれますが，これは推定としての価値がありません．そのため，上記の信頼度 90%，95%，99% がよく用いられます．これらの信頼度は，実務においてバランスの取れた区間を提供し，推定の精度と実用性を両立させます．

また，サンプルサイズ n が増加すると，信頼区間は狭くなります．なぜなら，n が大きくなるほど，$\sqrt{\dfrac{p(1-p)}{n}}$ が小さくなり，結果として信頼区間が狭まるからです．例えば，$p = 0.2$ の場合の 95% 信頼区間は，サンプルサ

---

6 表 5.1 から，標準正規分布 $N(0, 1)$ に従う確率変数 Z について，Z が -1.64 から 1.64 の間に入る確率が約 90% であることが確認できます．同様に，Z が -2.58 から 2.58 の間に入る確率は約 99% となります．

イズ $n = 10, 100, 1{,}000$ について，それぞれ以下のようになります．

$$n = 10 : \hat{p} \pm 1.96 \sqrt{\frac{0.2 \times 0.8}{10}} = \hat{p} \pm 0.248$$

$$n = 100 : \hat{p} \pm 1.96 \sqrt{\frac{0.2 \times 0.8}{100}} = \hat{p} \pm 0.0784$$

$$n = 1{,}000 : \hat{p} \pm 1.96 \sqrt{\frac{0.2 \times 0.8}{1{,}000}} = \hat{p} \pm 0.025$$

信頼度 95% の信頼区間における誤差成分は $1.96\sqrt{\dfrac{p(1-p)}{n}}$ で表されます．この誤差は $p = 0.5$ のとき最大になります[7]．これは，母集団の割合 p が 50% の場合，推定の誤差が最大となることを意味しています．この性質は，サンプルサイズ n にかかわらず一貫しており，調査や実験の設計において重要な意味を持ちます．

例：内閣支持率の調査

内閣支持率 p を推定する際，99% 信頼区間の誤差を 0.01 以下に抑えるためには，どれだけの人数に調査を行う必要があるでしょうか？ 99% 信頼区間は

$$\hat{p} \pm 2.58 \sqrt{\frac{p(1-p)}{n}}$$

で表されます．このとき，誤差部分 $2.58\sqrt{\dfrac{p(1-p)}{n}}$ を 0.01 以下にするためのサンプルサイズ n の最小値を求めます．誤差が最大となる $p = 0.5$ の場合を考えると，

$$2.58 \sqrt{\frac{0.5^2}{n}} = 0.01$$

---

7 誤差成分 $1.96\sqrt{\dfrac{p(1-p)}{n}}$ が最大になるのは，$p(1-p)$ が最大となるときです．$p(1-p)$ を変形すると，$-p^2 + p$ となります．さらに，この 2 次式を平方完成すると，$-(p-0.5)^2 + (0.5)^2$ となります．この形から，$p(1-p)$ は $p = 0.5$ のときに最大値 $(0.5)^2 = 0.25$ を取ります．

6.4 区間推定 127

となります．これを n について解くと，

$$n = \frac{2.58^2 \times 0.25}{0.01^2} = 16{,}641$$

となります．したがって，99% 信頼区間の誤差を 0.01 以下に抑えるために
は，16,641 人に調査を行う必要があります．

6.4.3　母平均の区間推定

母平均 μ および母分散 σ^2 を持つ母集団から無作為に抽出された標本
$X_1, X_2, \cdots, X_n$ に基づく母平均の推定を考えます．サンプルサイズ n が大
きい場合，中心極限定理により標本平均 $\bar{X}$ の分布は次の正規分布によって
近似できます．

$$\bar{X} \sim N\left(\mu, \frac{\sigma^2}{n}\right)$$

標準化した標本平均は（近似的に）標準正規分布に従います．

$$\frac{\bar{X} - \mu}{\sqrt{\dfrac{\sigma^2}{n}}} \sim N(0, 1)$$

標準正規分布に従う確率変数 $Z \sim N(0, 1)$ について，$P(-1.96 < Z < 1.96)$
$= 0.95$ が成り立つため，以下が得られます．

$$P\left(-1.96 < \frac{\bar{X} - \mu}{\sqrt{\dfrac{\sigma^2}{n}}} < 1.96\right) = 0.95$$

これを変形して，母平均 μ の 95% 信頼区間は

$$\bar{X} \pm 1.96 \sqrt{\frac{\sigma^2}{n}}$$

となります.

実際に信頼区間を計算する際には σ^2 の値が必要です. 不偏分散 $\hat{\sigma}^2$ は母分散 σ^2 の一致推定量であり, サンプルサイズ n が十分に大きければ, σ^2 を高い精度で推定できます. そこで, σ^2 を $\hat{\sigma}^2$ の実現値 (推定値) で置き換えることにより, 95% 信頼区間を次のように推定します.

$$\bar{X} \pm 1.96 \sqrt{\frac{\hat{\sigma}^2}{n}}$$

母割合の区間推定と同様に, 信頼度 90%, 95%, 99% の信頼区間はそれぞれ次のようになります.

$$90\% : \bar{X} \pm 1.64 \sqrt{\frac{\sigma^2}{n}}$$

$$95\% : \bar{X} \pm 1.96 \sqrt{\frac{\sigma^2}{n}}$$

$$99\% : \bar{X} \pm 2.58 \sqrt{\frac{\sigma^2}{n}}$$

ここで, 母分散 σ^2 が未知の場合は, σ^2 を不偏分散 $\hat{\sigma}^2$ の実現値 (推定値) で置き換えます.

例:平均月収の信頼区間

ある会社の従業員の平均月収を推定するために, 無作為に抽出された 100 人の標本のデータがあります. ここで, 標本平均と不偏分散の推定値はそれぞれ $\bar{X} = 300{,}000$, $\hat{\sigma}^2 = 40{,}000{,}000{,}000$ でした. このとき, 母平均 μ の 95% 信頼区間は次のように計算されます.

6.4 区間推定　129

$$\bar{X} \pm 1.96 \sqrt{\frac{\hat{\sigma}^2}{n}} = 300{,}000 \pm 1.96 \sqrt{\frac{40{,}000{,}000{,}000}{100}}$$
$$= 300{,}000 \pm 1.96 \sqrt{400{,}000{,}000}$$
$$= 300{,}000 \pm 39{,}200$$

したがって，この会社の従業員の平均月収の 95% 信頼区間は「260,800 円から 339,200 円」となります．

6.5　週間売上データの分析

第 2 章で扱った週間売上データは，100 個の商品の売上を示していました．しかし，実際にはこのデータは，全体で 811 個の売上データから一部を抽出したものです．図 6.6 は，この 100 個の売上データと母集団である811 個の売上データのヒストグラムを重ねて描いたものです．100 個の売上は，母集団（811 個）の売上を十分に反映しているとは言えません．

この 100 個の売上データを用いて，母集団の平均と分散を推定してみます．母集団の平均 μ と分散 σ^2 は次のようになります．

$$\mu \approx 8.90, \quad \sigma^2 \approx 145.44$$

サンプルサイズ $n = 100$ のデータの平均 $\bar{X}$ と不偏分散 $\hat{\sigma}^2$ は次のように計算されます．

$$\bar{X} \approx 24.6, \quad \hat{\sigma}^2 \approx 176.59$$

標本平均 $\bar{X}$ は母平均 μ とは大きく異なりますが，信頼区間を見てみましょう．母平均 μ の 95% 信頼区間は次のように計算されます．

$$\bar{X} \pm 1.96 \times \sqrt{\frac{\hat{\sigma}^2}{n}} \approx 24.6 \pm 2.60$$

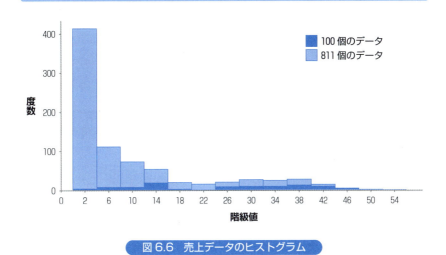

図 6.6 売上データのヒストグラム

したがって，母平均 μ の 95% 信頼区間はおおよそ「22 個から 27 個」となります．しかし，この信頼区間も母平均の真の値 8.90 を含んでいません．

この結果は，この 100 個の標本がたまたま母集団をうまく反映していなかったためであり，標本平均による母平均の推定に欠陥があることを示すものではありません．このことを確認するために，母集団である 811 個の売上データから別の 100 個の標本を無作為に抽出し，標本平均，不偏分散，95%信頼区間を計算します．これを 100 回繰り返し，その結果を見ていきます．

計算された 100 個の標本平均と不偏分散の分布は図 6.7 のようになります．標本平均と不偏分散は，おおむね母平均 $\mu \approx 8.90$ と母分散 $\sigma^2 \approx 145.44$ の周りに分布しています．実際，標本平均の平均値は約 8.87，不偏分散の平均値は約 146.63 であり，両者はほとんど等しいことがわかります．これは，標本平均と不偏分散が，それぞれ母平均と母分散の不偏推定量であることを反映しています．

また，図 6.8 は，計算された 100 個の 95% 信頼区間を示しています．母

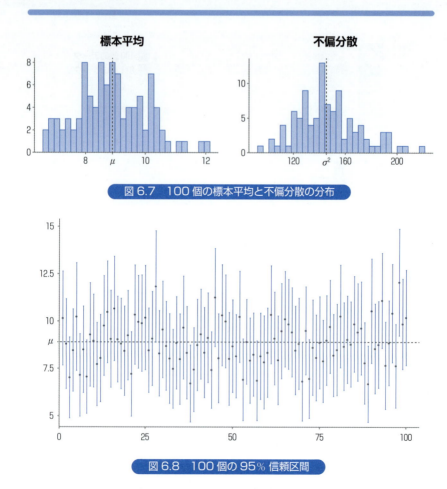

図 6.7　100 個の標本平均と不偏分散の分布

図 6.8　100 個の 95% 信頼区間

　平均 $\mu \approx 8.90$ はほとんどの区間に含まれていることがわかります．実際，100 個の 95% 信頼区間のうち 97 個の区間が母平均 μ を含んでいます．つまり，信頼区間に μ が含まれる割合は 97% であり，これは信頼度に非常に近い値です．

　これらの結果から，第 2 章で取り上げた 100 個の売上データは，たまたま

母集団を十分に反映していなかった，あるいは何かしらの理由（例えば，記載された商品の上から 100 個を抽出したなど）で偏りのあるデータであった可能性が考えられます．

6.6 まとめ

これまでに見てきたように，推定には不確実性が伴います．特に，標本から得られる推定値は，その標本の選び方によって変動するため，推定値が常に母集団の真の値を反映するとは限りません．この不確実性を定量化するために，信頼区間という概念を用います．信頼区間は，母集団の真の値が特定の確率（例えば 95％）で含まれると予測される範囲を示しています．したがって，推定の結果として得られる信頼区間は，単なる推定値よりも母集団の特性を理解するためのより強力なツールとなります．

推定において重要なのは，無作為に抽出された標本が母集団をどれだけ正確に反映しているかということです．標本が母集団を良く反映していれば，推定値は母集団の真の値に近くなる可能性が高くなります．しかし，標本の選び方に偏りがある場合や，たまたま偏った標本が選ばれた場合には，推定値が母集団の真の値から大きく外れることがあります．

以上の性質を理解し，適切に推定手法を選択することは，統計学を実際に応用するために不可欠です．今後，推定の具体的な応用事例や複雑な推定問題に取り組む際には，これらの基礎的な概念が重要な役割を果たすことになるでしょう．推定の結果に対する解釈を行う際には，これらの性質を踏まえ，推定の精度や信頼性についての理解を深めることが求められます．

演習問題

演習1 標本分布とは何か，簡潔に説明してください．

演習2 標本平均の分布を正規分布によって近似する根拠を説明してください．

演習3 中心極限定理とは何ですか？ その重要性について述べてください．

演習4 母分散が既知の場合の標本平均の標準誤差の求め方を説明してください．

演習5 サンプルサイズが大きくなると，標本平均の分布にどのような影響がありますか？

演習6 ある商品の不良品率を調査するため，500 個の製品を無作為に検査したところ，50 個が不良品であることがわかりました．このデータを基に，母集団の不良品率の 95% 信頼区間を求めてください．

演習7 あるアンケート調査で，無作為に選ばれた 400 人の回答者のうち，240 人が「満足」と回答しました．このデータを基に，母集団の満足度の推定値と 95% 信頼区間を求めてください．

演習8 ある学校の生徒の学力を調査するため，50 人の生徒を無作為に抽出し，その平均得点を調査したところ，平均が 75 点，標準偏差が 10 点でした．このデータを用いて，母集団の平均得点の 95% 信頼区間を求めてください．

演習9 ある商品について，顧客満足度を 5 段階で評価する調査が行われました．無作為に抽出した 100 人の顧客の評価の平均は 4.2，標準偏差は 0.5 でした．このデータを基に，母集団の平均評価の 99% 信頼区間を求めてください．

演習10 ある都市の成人男性の平均身長を推定するため，無作為に選ばれた 100 人の成人男性の平均身長を測定したところ，平均が 170 cm，標準偏差が 6 cm でした．このデータを用いて，母集団の平均身長の 90% 信頼区間を求めてください．

134　第6章 推　定

演習問題の解答

第1章 統計学とは

演習1 統計学の主な目的は，データを用いて母集団の特性を理解し，予測や意思決定を支援することです．記述統計は，データを要約し，パターンや傾向を把握することに焦点を当てています．一方，推測統計は，標本データから母集団について推論し，母集団の特性を推定することを目的としています．

演習2 母集団とは，調査や研究の対象となるすべての個体や要素の集まりを指します．一方，標本は，その母集団から（無作為に）抽出された一部の個体や要素です．全数調査が困難な場合，標本調査を行う理由は，時間やコストを節約しながら，母集団の特性を推測するためです．

演習3 テレビ視聴率の調査は，全国のテレビ視聴者の中から無作為に選ばれた世帯（標本）に専用の機器を設置し，視聴番組を記録する方法で行われます．標本誤差とは，標本から得られる結果が，実際の母集団の特性を必ずしも正確に反映しない誤差のことです．

演習4 量的データは数値で表されるデータで，例として身長や体重があります．質的データはカテゴリーで表されるデータで，例として性別や血液型があります．また，横断面データは，ある特定の時点で複数の個体について収集されたデータです．時系列データは，同一個体について異なる時点で収集されたデータです．パネルデータは，複数の個体について異なる時点で収集されたデータです．

演習5 ビッグデータは，非常に大規模で，生成される速度が速く，多様な形式を持つデータのことを指します．このようなデータは，従来のデータ処理技術では対応が難しいことが多いです．その理由は，まずデータの量が膨大であるため，従来のサーバーやデータベースでは保存・管理に限界があること，

135

さらにデータがリアルタイムで生成される場合が多く，処理速度が追いつかないことです．また，データの形式も多岐にわたり，テキスト，画像，音声，センサーのデータなど異なる形式のデータを統合して処理する必要があるため，単純な分析方法では対応できません．データサイエンスは，ビッグデータを科学的に分析し，有用な結論や高精度の予測を導き出す学問分野であり，統計学の手法と密接に関連しています．

第2章　1 変量の記述

演習1　度数分布とは，データの範囲をいくつかの区間（階級）に分け，その区間ごとにデータがどれだけ存在するか（頻度）を示した表です．ヒストグラムはこの度数分布を視覚的に表現したもので，各区間における度数を棒グラフで表示します．

演習2　代表値とは，データの特徴を代表する値のことです．代表値の例には平均値，中央値，最頻値があります．平均値はデータの合計をデータの数で割った値，中央値はデータを大きさ順に並べたときの中央の値，最頻値はデータの中で最も頻繁に出現する値です．

演習3　ばらつきを表す指標には，範囲（最小値と最大値の差），分散，標準偏差，四分位範囲などがあります．分散はデータの各値と平均値との差の2乗の平均値で，標準偏差は分散の平方根です．分散と標準偏差はデータが平均からどれだけ散らばっているかを示す指標で，四分位範囲はデータを4分割したときの中央50%の範囲を示します．

演習4　データが平均値の周りに釣鐘型に分布している場合，データの約68%が平均値の±1標準偏差以内に，約95%が±2標準偏差以内に，約99.7%が±3標準偏差以内に存在します．

演習5　標準偏差を用いて，データが平均値からどれくらい離れているかを判断できます．例えば，データが平均値から2標準偏差以上離れている場合，それは全体の5%以下の珍しいデータと考えられます．これは，釣鐘型の分布（正規分布）においてデータが平均から±2標準偏差内に存在する確率が約

95% であるためです.

演習 6 平均値は，データの合計をデータの個数で割ることで求められます.

$$平均値 = \frac{70+85+78+90+88+76+81+95+89+73}{10} = 82.5$$

中央値は，データを昇順に並べ，中央の値を取ります. 偶数個の場合は中央の二つの値の平均を取ります.

昇順のデータ：70, 73, 76, 78, 81, 85, 88, 89, 90, 95

$$中央値 = \frac{81+85}{2} = 83$$

最頻値は，最も頻繁に現れるデータ値です. このデータセットでは，各点数が 1 回ずつしか現れていないため，最頻値はありません.

演習 7 四分位範囲は，第 3 四分位点 (Q3) と第 1 四分位点 (Q1) の差を計算します.

$$IQR = 30 - 15 = 15$$

分散は，各データの平均からの偏差の 2 乗の平均を求めます.

$$分散 = \frac{(12-22.71)^2 + (15-22.71)^2 + \cdots + (35-22.71)^2}{7} = 61.95$$

標準偏差は，分散の平方根を取ります.

$$標準偏差 = \sqrt{61.95} \approx 7.87$$

演習 8 四分位範囲 (IQR) は，データを昇順に並べ，第 1 四分位点 (Q1) と第 3 四分位点 (Q3) を求め，その差を計算します.

昇順のデータ：10, 10, 12, 15, 15, 18, 20

Q1 = 10, Q3 = 18 なので，

$$IQR = 18 - 10 = 8$$

演習 9 度数分布表は次のようになります.

階級	度数
30–39	1
40–49	2
50–59	2
60–69	3
70–79	2

ヒストグラムは，データを階級ごとにグラフ化し，視覚的に度数を表します（グラフは手書きや Excel 等で作成してください）.

演習 10　偏差の合計を計算するために，まず平均値を計算します.

$$平均値 = \frac{50+60+55+65+70+75+80}{7} = 65$$

偏差は，各データから平均を引いて求めます.

$$50-65 = -15, \quad 60-65 = -5, \quad 55-65 = -10, \quad 65-65 = 0,$$

$$70-65 = 5, \quad 75-65 = 10, \quad 80-65 = 15$$

偏差の合計は，次のようになります.

$$-15+(-5)+(-10)+0+5+10+15 = 0$$

偏差の合計はゼロであることが確認できます.

第 3 章　2 変量の記述

演習 1　散布図とは，二つの変数の関係を視覚的に表現するグラフです．各データ点は，横軸に一つの変数の値を，縦軸にもう一つの変数の値を取ってプロットされます．散布図を用いることで，二つの変数間の相関関係やトレンドを調べることができます.

演習 2　相関係数とは，二つの変数の線形関係の強さと方向を数値で表したものです．相関係数が正の場合は，一つの変数が増えるともう一つの変数も増える関係（正の相関）を示し，負の場合は一つの変数が増えるともう一つの変数が減る関係（負の相関）を示します．相関係数が 0 の場合は，二つの変数

の間に線形関係がないことを示します.

演習 3 相関関係が強い場合でも,必ずしも因果関係があるとは言えません.二つの変数が相関していても,他の要因によって同時に変化しているだけである可能性や,偶然の一致である場合もあります.そのため,相関関係が見られる場合でも,因果関係を確認するには慎重な分析が必要です.

演習 4 単回帰分析とは,一つの説明変数と一つの目的変数の間の線形関係をモデル化する手法です.単回帰直線は,目的変数の変動を説明するために,説明変数を用いて最も当てはまりの良い直線を求める方法です.この直線は,最小二乗法により,データ点と直線との距離の 2 乗和が最小になるように計算されます.

演習 5 決定係数とは,回帰分析において,モデルが目的変数の変動をどれだけ説明しているかを示す指標です.決定係数は 0 から 1 の間の値を取り,1 に近いほどモデルがデータに良く当てはまっていることを示します.単回帰分析においては,決定係数は相関係数の 2 乗に等しく,相関関係が強いほど決定係数も高くなります.

演習 6 まず,数学の平均点 $\bar{x}$ と英語の平均点 $\bar{y}$ を計算します.

$$\bar{x} = \frac{60 + 70 + 80 + 90 + 85}{5} = 77$$
$$\bar{y} = \frac{55 + 65 + 75 + 85 + 80}{5} = 72$$

共分散 C_{xy} は,各データ点の偏差 $(x_i - \bar{x})$ と $(y_i - \bar{y})$ の積の平均として計算できます.

$$C_{xy} = \frac{(60-77)(55-72) + \cdots + (85-77)(80-72)}{5} = 110$$

演習 7 まず,数学の分散 S_x^2 と英語の分散 S_y^2 を求めます.

$$S_x^2 = \frac{(60-77)^2 + (70-77)^2 + \cdots + (85-77)^2}{5} = 122.5$$
$$S_y^2 = \frac{(55-72)^2 + (65-72)^2 + \cdots + (80-72)^2}{5} = 122.5$$

相関係数 r_{xy} は次のように計算されます.

$$r_{xy} = \frac{C_{xy}}{S_x S_y} = \frac{110}{\sqrt{122.5 \times 122.5}} \approx 0.898$$

演習 8　まず，x の平均 $\bar{x}$ と y の平均 $\bar{y}$ を求めます.

$$\bar{x} = \frac{1+2+3+4+5}{5} = 3, \quad \bar{y} = \frac{2+3+5+7+8}{5} = 5$$

傾き b は次のように計算されます.

$$
\begin{aligned}
b &= \frac{C_{xy}}{S_x^2} \\
&= \frac{\dfrac{(1-3)(2-5)+(2-3)(3-5)+\cdots+(5-3)(8-5)}{5}}{\dfrac{(1-3)^2+(2-3)^2+\cdots+(5-3)^2}{5}} \\
&= 1.6
\end{aligned}
$$

切片 a は次のように計算されます.

$$a = \bar{y} - b\bar{x} = 5 - 1.6 \times 3 = 0.2$$

回帰直線の方程式は次のようになります.

$$y = 0.2 + 1.6x$$

演習 9　相関係数の 2 乗を取ることで決定係数 R^2 を求めます.

$$R^2 = r_{xy}^2 = (0.898)^2 \approx 0.806$$

この決定係数は，目的変数 y の変動の約 80.6% が説明変数 x によって説明されることを示しています.

第 4 章 確率の基礎

演習 1　確率とは，ある出来事が起こる可能性を数値で表したものです．確率は 0 から 1 の間の値を取り，1 に近いほどその出来事が起こる可能性が高いことを示します．基本的な確率の計算方法としては，すべての可能な結果のうち，特定の出来事が起こる場合の数を全体の数で割る方法があります．

演習 2　条件付き確率とは，ある事象が発生したという条件の下で別の事象が発生する確率のことです．例えば，雨の日に傘を持っている確率を考えると，これは「雨が降る」という条件の下での「傘を持っている」確率であり，条件付き確率の一例です．

演習 3　独立事象とは，一方の事象の発生が他方の事象の発生に影響を与えない場合の事象のことです．独立事象の確率を計算する際には，それぞれの事象の確率を掛け合わせることで，両方の事象が同時に起こる確率を求めます．例えば，コインを 2 回投げる場合，1 回目に表が出る確率と 2 回目に表が出る確率は独立しており，両方とも表が出る確率はそれぞれの確率の積です．

演習 4　サイコロを 1 回振ったときに 3 以上の目が出る確率は，次のように計算されます．

$$P(3\text{ 以上}) = P(3) + P(4) + P(5) + P(6) = \frac{4}{6} = \frac{2}{3}$$

演習 5　袋から 2 回とも赤い玉が出る確率は，次のように計算されます．

$$P(\text{赤, 赤}) = P(\text{赤}) \times P(\text{赤}) = \frac{3}{6} \times \frac{3}{6} = \frac{1}{2} \times \frac{1}{2} = \frac{1}{4}$$

演習 6　2 つのサイコロを振ってどちらか一方でも 4 以上の目が出る確率は，次のように計算されます．

$$P(4\text{ 以上}) = 1 - P(4\text{ 未満の目が出る}) = 1 - 0.5 \times 0.25 = 0.875$$

演習問題の解答　　141

第5章 確率分布

演習1 確率分布は，確率変数が取りうる値とそれぞれの値を取る確率を示したものです．確率分布には，離散型と連続型があります．

演習2 二項分布は，成功または失敗の二つの結果がある試行を n 回行ったときの成功回数の確率分布です．特徴として，各試行は独立であり，成功確率 p は一定です．

演習3 正規分布は，多くの自然現象や測定データがこの分布に従うため，統計学でよく使用されます．特に，中心極限定理により，標本平均の分布が正規分布によって近似されるため，推測統計で重要な役割を果たします．

演習4 標準正規分布は，期待値が 0，分散が 1 の正規分布です．一般的な正規分布は，任意の期待値 μ と分散 σ^2 を持ちます．

演習5 二項分布は，試行回数が大きい場合に，正規分布によって近似できます．

演習6 正答率が 70% の問題が 10 問出題されるテストで 7 問正解する確率は，二項分布を用いて次のように求めます．

$$P(X = 7) = \binom{10}{7} \times 0.7^7 \times 0.3^3 \approx 0.2668$$

演習7 ある工場で不良品が出る確率が 2% のとき，100 個の製品を製造して 3 個以上の不良品が出る確率は，二項分布に従います．この確率は次のように求めます．

$$P(X \geqq 3) = 1 - P(X \leqq 2)$$

ここで，$P(X \leqq 2)$ は次のように計算できます．

$$P(X \leqq 2) = P(X = 0) + P(X = 1) + P(X = 2)$$

各確率は二項分布の公式を用いて以下のように計算されます．

$$P(X = 0) = \binom{100}{0} \times 0.02^0 \times 0.98^{100} = 0.1326$$

$$P(X = 1) = \binom{100}{1} \times 0.02^1 \times 0.98^{99} = 0.2705$$

$$P(X = 2) = \binom{100}{2} \times 0.02^2 \times 0.98^{98} = 0.2734$$

したがって,

$$P(X \leqq 2) = 0.1326 + 0.2705 + 0.2734 = 0.6765$$

よって,$P(X \geqq 3) = 1 - 0.6765 = 0.3235$ です.

演習8　正規分布 $N(100, 25)$ に従う確率変数が 120 以下になる確率は,標準化して $N(0, 1)$ を用いて次のように求めます.

$$P(X \leqq 120) = P\left(\frac{X - 100}{5} \leqq \frac{120 - 100}{5} \right) = P(Z \leqq 4) \approx 1.0$$

演習9　サイコロを 10 回投げたとき,5 または 6 が出る回数を X とすると,X は二項分布 $B(10, \frac{1}{3})$ に従います.X が 3 回以下になる確率は,次のように計算します.

$$P(X \leqq 3) = P(X = 0) + P(X = 1) + P(X = 2) + P(X = 3)$$

各確率は二項分布の公式を用いて以下のように計算されます.

$$P(X = 0) = \binom{10}{0} \times \left(\frac{1}{3} \right)^0 \times \left(\frac{2}{3} \right)^{10} = 0.0173$$

$$P(X = 1) = \binom{10}{1} \times \left(\frac{1}{3} \right)^1 \times \left(\frac{2}{3} \right)^9 = 0.0867$$

$$P(X = 2) = \binom{10}{2} \times \left(\frac{1}{3} \right)^2 \times \left(\frac{2}{3} \right)^8 = 0.1951$$

$$P(X = 3) = \binom{10}{3} \times \left(\frac{1}{3} \right)^3 \times \left(\frac{2}{3} \right)^7 = 0.2601$$

したがって,

演習問題の解答　　143

$$P(X \leqq 3) = 0.0173 + 0.0867 + 0.1951 + 0.2601 = 0.5592$$

となります.

第6章　推　定

演習 1　標本分布とは，母集団から無作為に抽出された標本統計量（例えば，標本平均）が従う確率分布のことです.

演習 2　標本平均の分布が正規分布によって近似されるのは，中心極限定理によるもので，サンプルサイズが十分大きければ，標本平均の分布は正規分布に近づきます.

演習 3　中心極限定理とは，任意の母集団分布から得られた標本平均が，サンプルサイズが大きくなるにつれて，正規分布に近づくという定理です. これは，推測統計において，母集団の分布が不明でも標本平均を使って推定ができるため，非常に重要です.

演習 4　母分散 σ^2 が既知の場合，標本平均の標準誤差は $\dfrac{\sigma}{\sqrt{n}}$ で求められます. ここで，σ は母標準偏差，n はサンプルサイズです.

演習 5　サンプルサイズが大きくなると，標本平均の標準誤差は小さくなります. つまり，標本平均の分布のばらつきは小さくなります.

演習 6　不良品率の推定値は

$$\hat{p} = \frac{50}{500} = 0.1$$

であり，$\hat{p}$ の標準誤差は次のようになります.

$$標準誤差 = \sqrt{\frac{0.1 \times 0.9}{500}} \approx 0.0134$$

95% 信頼区間は次のように計算できます.

$$0.1 \pm 1.96 \times 0.0134 \approx 0.1 \pm 0.0263$$

よって，95% 信頼区間はおおよそ 7.37% から 12.63% となります．

演習 7　満足度の推定値は

$$\hat{p} = \frac{240}{400} = 0.6$$

であり，$\hat{p}$ の標準誤差は次のようになります．

$$標準誤差 = \sqrt{\frac{0.6 \times 0.4}{400}} \approx 0.0245$$

95% 信頼区間は次のように計算できます．

$$0.6 \pm 1.96 \times 0.0245 \approx 0.6 \pm 0.048$$

よって，95% 信頼区間はおおよそ 55.2% から 64.8% となります．

演習 8　標本平均が 75 点，標準偏差が 10 点，サンプルサイズが 50 であるため，標本平均の標準誤差は次のようになります．

$$標準誤差 = \frac{10}{\sqrt{50}} \approx 1.414$$

95% 信頼区間は次のように計算できます．

$$75 \pm 1.96 \times 1.414 \approx 75 \pm 2.77$$

よって，95% 信頼区間はおおよそ 72.23 点 から 77.77 点 となります．

演習 9　標本平均が 4.2，標準偏差が 0.5，サンプルサイズが 100 であるため，標本平均の標準誤差は次のようになります．

$$標準誤差 = \frac{0.5}{\sqrt{100}} = 0.05$$

99% 信頼区間は次のように計算できます．

$$4.2 \pm 2.58 \times 0.05 = 4.2 \pm 0.129$$

よって，99% 信頼区間は 4.071 点から 4.329 点となります．

演習 10　標本平均が 170cm，標準偏差が 6cm，サンプルサイズが 100 であるため，標本平均の標準誤差は次のようになります．

演習問題の解答　　145

$$標準誤差 = \frac{6}{\sqrt{100}} = 0.6$$

90% 信頼区間は次のように計算できます.

$$170 \pm 1.64 \times 0.6 = 170 \pm 0.984$$

よって，90% 信頼区間は 169.016 cm から 170.984 cm となります.

参 考 文 献

[1] 大森裕浩『コア・テキスト 計量経済学』新世社，2017.

[2] 大屋幸輔『コア・テキスト 統計学 第3版』新世社，2020.

[3] 大屋幸輔，各務和彦『基本演習 統計学』新世社，2012.

[4] 來島愛子，竹内明香『統計学ワークブック—アクティブに学ぶ書き込み式—』新世社，2024.

[5] 中室牧子，津川友介『「原因と結果」の経済学—データから真実を見抜く思考法—』ダイヤモンド社，2017.

[6] 竹村彰通，姫野哲人，高田聖治 編『データサイエンス入門 第2版』学術図書出版社，2019.

[7] 谷崎久志，溝渕健一『計量経済学』新世社，2023.

[8] 東京大学教養学部統計学教室 編『統計学入門』東京大学出版会，1991.

[9] 薮友良『入門 実践する統計学』東洋経済新報社，2012.

[10] 山本拓，竹内明香『入門 計量経済学 第2版—Excelによる実証分析へのガイド—』新世社，2024.

索　引

あ　行

一致推定量　114
一致性　114
因果関係　50

横断面データ　7

か　行

回帰係数　52
階級　12
階級値　12
確率分布　57, 59
確率変数　57, 58
確率密度　93
確率密度関数　93
頑健性　27
関数　78

記述統計　2, 57, 107
基準化　32
期待値　60
共分散　40

区間推定　109

決定係数　53

さ　行

最小二乗法　52
最頻値　17
散布図　38
サンプルサイズ　17, 107

時系列データ　7
実現値　58
質的データ　5
四分位範囲　26
従属変数　52
周辺確率　72
順序尺度データ　6
条件付き確率　74
乗法定理　75
信頼区間　108, 123
信頼度　126

推測統計　2, 57, 107
推定　57, 107
推定値　112
推定量　108, 112

正規分布　30, 85, 92, 107
正の相関　38, 40
説明変数　52
線形変換　62

149

全数調査　2
尖度　30

相関係数　43
相対度数　12

た　行

第 1 四分位点　26
第 3 四分位点　26
大数の法則　62
代表値　11, 37
大標本　118
多峰型分布　14
単回帰分析　52
単峰型分布　14

中央値　11, 17
中心極限定理　85, 99, 107

定量的な関係　52
データサイエンス　1, 8
データサイエンティスト　8
点推定　109

統計値　111
統計量　111
同時確率　71
同時確率分布表　72
独立　76
独立変数　52
度数　12
度数分布　11
度数分布表　12

な　行

二項分布　85, 87, 107

は　行

バイアス　113
箱ひげ図　25
外れ値　17, 26
パネルデータ　7
パラメータ　89

ひげ　26
ヒストグラム　11, 14, 37
ビッグデータ　1, 8
標準化　32, 96
標準誤差　112
標準正規確率変数　94
標準正規分布　94
標準正規分布表　94
標準偏差　11, 24, 66
標本　2, 57, 107
標本空間　58
標本点　58
標本分布　112
標本平均　107, 111
標本変動　109

負の相関　38, 40
不偏推定量　113
不偏性　113
不偏分散　122
分散　11, 24, 65

平均値　11, 17
平均平方誤差　116

ベルヌーイ確率変数　86
ベルヌーイ分布　85, 86
偏差　23

母集団　2, 57, 107
母数　89, 109
母分散　109
母平均　109
母割合　109

ま　行

見せかけの相関　50

無作為抽出　57, 107
無相関　40

名義尺度データ　6

目的変数　52

や　行

有効性　116

ら　行

離散確率分布　59
離散確率変数　58
離散データ　6
量的データ　5

累積相対度数　13

連続確率分布　59
連続確率変数　58
連続性補正　102
連続データ　6

わ　行

歪度　28

数字・欧字

68-95-99.7 ルール　31
MSE　116
Z スコア　32

索　引　151

著者紹介

高橋　慎（たかはし　まこと）

1983 年　岡山県に生まれる
2005 年　東京都立大学経済学部卒業
2007 年　東京大学大学院経済学研究科修士課程修了
2013 年　大阪大学金融・保険教育研究センター助教
2015 年　大阪大学大学院経済学研究科専任講師
2015 年　ノースウェスタン大学ケロッグ経営大学院ファイナンス学部博士課程
　　　　　修了（Ph.D. in Finance）
2018 年　法政大学経営学部准教授
2022 年　法政大学経営学部教授

主要著書・論文

『*Stochastic Volatility and Realized Stochastic Volatility Models*』JSS
　Research Series in Statistics, Springer Singapore, 2023.（共著）
"Forecasting daily volatility of stock price index using daily returns and
　realized volatility," *Econometrics and Statistics*, 32, 34-56, 2024.（共
　著）
"On the evaluation of intraday market quality in the limit-order book
　markets: a collaborative filtering approach," *Japanese Journal of
　Statistics and Data Science*, 4, 697-730, 2021.（共著）
"Volatility and quantile forecasts by realized stochastic volatility models
　with generalized hyperbolic distribution," *International Journal of
　Forecasting*, 32(2), 437-457, 2016.（共著）
"Estimating stochastic volatility models using daily returns and real-
　ized volatility simultaneously," *Computational Statistics and Data
　Analysis*, 53(6), 2404-2426, 2009.（共著）

データ分析のための統計学の基礎

2024 年 12 月 25 日 ©　　　　　　　　　　初 版 発 行

著 者　高橋　慎　　　　　　発行者　御園生晴彦
　　　　　　　　　　　　　　印刷者　田中達弥

【発行】　　　　　　株式会社　新世社
〒151-0051　東京都渋谷区千駄ヶ谷 1 丁目 3 番 25 号
編集☎(03)5474-8818(代)　　　サイエンスビル

【発売】　　　　　　株式会社　サイエンス社
〒151-0051　東京都渋谷区千駄ヶ谷 1 丁目 3 番 25 号
営業☎(03)5474-8500(代)　　　振替 00170-7-2387
FAX☎(03)5474-8900

印刷・製本　大日本法令印刷（株）

≪検印省略≫

本書の内容を無断で複写複製することは，著作者および出
版者の権利を侵害することがありますので，その場合には
あらかじめ小社あて許諾をお求め下さい.

サイエンス社・新世社のホームページのご案内
https://www.saiensu.co.jp
ご意見・ご要望は
shin@saiensu.co.jp　まで.

ISBN 978-4-88384-400-5

PRINTED IN JAPAN

ライブラリ データ分析への招待　3

ベイズ分析の
理論と応用
R言語による経済データの分析

各務和彦　著
A5判／240頁／本体2,100円（税抜き）

データサイエンスを学ぶ上で必須となるベイズ統計学について，
理論からデータ分析の実践まで解説したテキスト．分析のため
に用いるR言語の使い方や，確率分布についても付録で丁寧に
紹介する．統計学の基礎的な知識を身につけた方が，ベイズ統
計学を用いたデータ分析を試みようとする際に手引きとなる書．

【主要目次】
はじめに／ベイズ分析／マルコフ連鎖モンテカルロ法／一変量デー
タのベイズ分析／線形回帰モデルのベイズ分析／制限従属変数モデ
ルのベイズ分析／付録A　R言語／付録B　確率分布／付録C　そ
の他のMHアルゴリズムと比較

発行 新世社　　　発売 サイエンス社

ライブラリ データ分析への招待　4

Rによるマーケティング・データ分析
基礎から応用まで

ウィラワン ドニ ダハナ・勝又壮太郎 著
A5判／328頁／本体2,500円（税抜き）

今日，企業とマーケターは多様なマーケティング問題に直面する一方，ＩＣＴの著しい発展により市場と顧客に関するデータを大量に収集し保管することが可能になった．本書では，効果的なマーケティング意思決定を下すために必要なデータ分析の手法を，基礎から応用まで解説する．分析はR言語を用い，データをダウンロードすることで読者は手を動かしながら理解を深めることができる．

【主要目次】
マーケティングにおけるデータ分析の必要性／マーケティング・データの特徴と分析／データ処理の基礎／売上げデータの分析／選択問題の分析／複数の選択肢がある問題の分析／異質な消費者の選択行動の分析／店舗利用行動と購買金額に関する分析／カウントデータの分析／販売期間に関する分析／新製品開発の調査と分析／消費者態度の測定と分析／複雑な関係の分析／異質なマーケティング効果の分析／複数の消費者反応の同時分析／自然言語データの分析

発行 新世社　　　　発売 サイエンス社

ライブラリ データ分析への招待 5

実証会計・ファイナンス
Rによる財務・株式データの分析

笠原晃恭・村宮克彦 著
A5判／408頁／本体2,800円（税抜き）

R言語を用いた会計・ファイナンス分野のデータ分析について，基礎から応用までを解説したテキスト．会計・ファイナンス分野の基礎知識とR言語のスキル両面について順を踏んで丁寧に説明し，本文で分析するデータセットをダウンロードすることで，読者が手を動かしながら理解を深められる構成とした．ビジネスや経済を専攻する学生やデータサイエンス学部の学生，またファイナンスデータを活用したい実務家に好適の書．

【主要目次】
会計入門／ファイナンス入門／Ｒ言語入門／財務データの取得と可視化／株式データの取得と可視化／ファクター・モデルの導入／ファクター・モデルの応用／イベント・スタディ

発行 新世社　　　発売 サイエンス社